农民安全生产技术问答

胡晓东　主编

中国农业出版社

图书在版编目（CIP）数据

农民安全生产技术问答/胡晓东主编．—北京：中国农业出版社，2011.9
（三农热点面对面丛书）
ISBN 978-7-109-16088-0

Ⅰ.①农…　Ⅱ.①胡…　Ⅲ.①农业生产：安全生产－问题解答　Ⅳ.①X954－44

中国版本图书馆 CIP 数据核字（2011）第 188017 号

中国农业出版社出版
（北京市朝阳区农展馆北路 2 号）
（邮政编码 100125）
责任编辑　刘明昌

中国农业出版社印刷厂印刷　　新华书店北京发行所发行
2011 年 10 月第 1 版　　2011 年 10 月北京第 1 次印刷

开本：850mm×1168mm　1/32　　印张：5.375
字数：85 千字　　印数：1～5 000 册
定价：15.00 元

主　编　胡晓东
副主编　何建平　常泽军
参　编　韩　平　徐海明　李　梅

出版说明

“三农”问题是党和国家工作的重中之重，在不同时期表现出不同的热点难点。围绕这些热点难点，自2004年以来，党中央连续发布了8个“三农”问题的一号文件，不断推动“三农”工作。

当前“三农”热点难点问题主要有：如何推进农业现代化，如何加快新农村建设，如何统筹城乡发展，如何发展现代农业，如何加快农村基础设施建设和公共服务，如何拓宽农民增收渠道，如何完善农村发展的体制机制以及农民工转移就业、农村生态安全、农产品质量安全，等等。这些问题是一个复杂的社会问题，解决“三农”问题需要社会各界的共同努力。中国农业出版社积极响应党中央和农业部号召，围绕中心、服务大局，立足“三农”发展现实需求，围绕“三农”热点难点问题，坚持“三贴近”原则，面向基层农业行政、科技推广、乡村干部和广大农民，组织专家撰写了《三农热点面对面丛书》。

本丛书紧密联系我国农业、农村形势的新变

化，重点围绕发展现代农业和推进社会主义新农村建设，对当前农民和农村干部普遍关注的党的强农惠农政策、农业生产、乡村管理，农民增收和社会保障以及新技术应用等热点难点问题，采用专家与读者面对面交流的形式，理论联系实际，进行深入浅出的回答，观点准确、说理透彻，文字生动、事例鲜活，图文并茂、通俗易懂，具有较强的针对性和说服力。在运作方式上，根据理论联系实际的要求，针对“三农”问题的阶段性特点，分期分批组织实施。丛书突出科学性、针对性、实用性，力求用新技术、新观点、新形式，达到“贴近农业实际、贴近农村生活、贴近农民群众”的要求。

本丛书是广大基层干部、农民和农业院校师生学习和了解理论和形势政策的重要辅助材料，也是社会各界了解“三农”问题的重要窗口。希望本丛书的出版对推动“三农”工作的开展和“三农”问题的研究提供有力的智力支持，也希望广大读者提出好的意见和建议，以便我们更好地改进工作，服务“三农”。

2011 年 6 月

CONTENTS 目录

1. 什么是无公害农产品？

无公害农产品，是指产地环境、生产过程和产品质量符合国家或行业有关标准和规范要求，经认证合格获得认证证书，并允许使用无公害农产品标志的未经过加工或者初加工的食用农产品。

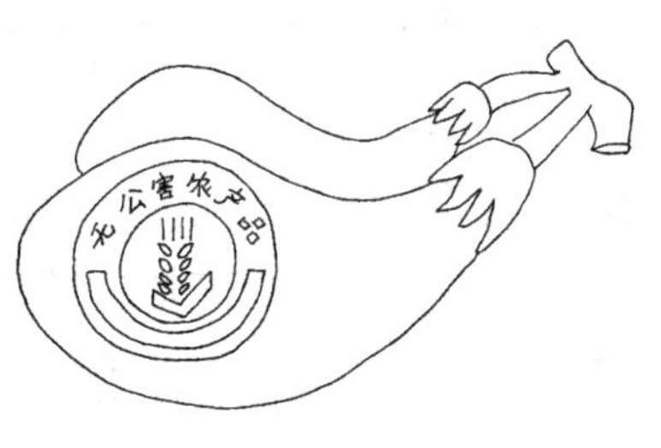

2. 无公害蔬菜生产环境的选择有什么要求？

①合理规划蔬菜地，尤其是新建蔬菜地，要建设在远离三废污染，或近期内不被工业开发占用的地区。农田大气符合无公害农田大气环境质量评价标准。②无公害标准化蔬菜生产的灌溉水源符合国家农田灌溉水质标准。③土壤符合无公害农产品生产农田土壤环境质量标准；土壤肥沃，旱涝保收。④选择该作物的主产区、高产区或独特的生态区。

3. 无公害蔬菜施肥技术的基本原则是什么？

（1）平衡、配方施肥的原则

根据蔬菜的吸收肥料的特性和栽培土壤的肥力状况进行合理的平衡配方施肥，控制氮肥的施用量，禁止使用硝态氮肥、垃圾、污泥。

（2）生产过程以基肥为主的原则

蔬菜收获前大量施用氮肥，在收获时植株体内硝酸盐的含量将会增加，因此，施用肥料必须以基肥为主，基肥占总需肥量的50％～70％，追肥在生育期内合理分次施用，基肥、追肥都要深施覆土。

（3）肥料选择以农家肥为主的原则

蔬菜种类很多，根据需肥特性来选择。农家肥，堆肥、沤肥、厩肥、沼气肥、绿肥、作物秸秆和饼肥等有机质肥料；商品肥料，商品有机肥、腐殖酸类肥、微生物肥料、有机复合肥和叶面肥等。

4. 无公害蔬菜的灌溉方式有哪些？

蔬菜的灌溉方式主要是地面灌溉，适用蔬菜无公害标准化生产的灌溉方式主要有滴灌、喷灌和浇灌，禁止使用污水。

5. 无公害蔬菜田间管理技术主要有哪些?

采用合理的农业生产技术措施，提高蔬菜植株抗逆能力，减轻病虫危害，减少农药施用量，是蔬菜无公害标准化生产的重要措施。

(1) 品种选择与育苗

①品种选择。因地制宜选用抗病品种和低富集硝酸盐的品种。对病害尚无有效防止办法的蔬菜种类，必须选用抗病品种，减少用药量。②种子和苗床消毒。播种前检验种子质量，采取温汤浸种、药剂处理等方式对种子消毒处理；播种前用40%的福尔马林50～100倍对苗床土消毒，除去薄膜两周后待药性挥发再播种。③适时播种。蔬菜播期与病虫害发生关系密切，要根据蔬菜的品种特性和当年的气候状况，选择适宜的播种期。④培育壮苗。采用护根的营养钵、穴盘等方法育苗，加强苗期管理，及时练苗，培育适期苗龄，带土移栽。

(2) 合理轮作

合理安排蔬菜品种的轮作，有效地避免和减轻病虫害的发生，保持地力，降低成本。

(3) 中耕与除草

中耕的次数和深浅根据不同的作物和土壤性质而定。生长期长的蔬菜中耕次数较多，反之就较少。根系深的蔬菜中耕较深，反之较浅。

（4）植株调整

根据不同的蔬菜特性进行植株调整，包括：①摘心、打杈。有些蔬菜作物如番茄、茄子等，为了控制植株的营养生长，促进生殖生长、果实发育，提高产品的质量，采取摘心、打杈的措施来调整植株。②摘叶、束叶。蔬菜生长期摘去植株基部的老叶，有利于空气流通，减少病虫害和养分消耗，促进植株的生长发育，或有利于开花结果和果实的成熟。束叶适用于十字花科的卷心结球蔬菜或花菜，主要目的是防止昆虫危害和粉尘污染，保持花球的色泽，提高品质。③疏花、疏果与保花、保果。对番茄、茄子和一些瓜类等，去掉一些畸形花、果和过多的果实，可以促进剩下的果实正常发育，提高产品质量和产量。④压蔓和搭架。如南瓜、冬瓜等蔓生蔬菜通过压蔓使植株排列整齐，受光良好，管理方便。丝瓜、黄瓜等蔓生蔬菜搭架，即可增加叶的受光面积，提高光合效率，又能使田间通风良好，减少病虫害。

（5）嫁接防病

利用南瓜、葫芦等做砧木，分别用黄瓜、西瓜等蔬菜苗作接穗进行嫁接，防止枯萎病的发生。

（6）田园清洁

蔬菜田园中的植株残体、老叶和杂草等，是病原菌和害虫良好的寄生环境，因此，在作物收获后，要及时清除田间的作物残渣和杂草，减少病虫害来源，控制病虫危害。

(7) 适时采收与采后处理

按商品规格适时细心采收，果菜类避免碰伤，叶菜类摘去黄叶、老叶，除去泥土。严格包装，避免二次污染。

6. 无公害蔬菜病虫害防治的思路和方法是什么？

主要的思路和方法是：一望、二闻、三问、四切。

(1) 望

田间的观察。看种植方式、茬口、周围环境。如温室、大拱棚、小拱棚、地膜覆盖，防虫网、遮阳网、加温设备等。

第一步：首先确定是病还是虫。

第二步：分析自然因素。

第三步：受害株的田间分布，查植株地上、地下、叶、茎、果。

案　例

番茄大棚，发生烂果、裂果。

现场诊断：①考虑是否有中心病株。查灰霉不普遍，部分植株发病，烂果有灰霉，发病有中心病株。裂果普遍。②1月上旬大雪，低温无光照。因此发生了灰霉病和低温造成的裂果。

第四步：病情观察。植株有无病斑，病斑部位，病斑色泽，有无霉状物，有无颗粒状物，有无轮纹，有无水渍状，有无膜状物、凹凸感，穿孔、裂纹和病斑大小、形状等，以此作为诊断推断的依据。

第五步：辨别生理性病害。植株嫩叶发病，考虑：茶黄螨、病毒病、缺素症和生理因素。

（2）闻

部分病害发生后有特别的味道。如细菌性的软腐病，有臭味，黄瓜疫病瓜条有臭味，还有的有青贮饲料味，如西瓜疫病瓜。

案　例

魔芋烂。

诊断：闻，臭味。因此为细菌性软腐病。

（3）问

一问施肥。生理性病害与施肥有关。

二问品种。特别是冬季，有的品种耐低温，抗病害的能力强。如以色列的番茄。

三问播期。12 月至翌年 1 月是蔬菜育苗期，也是花芽分化期，部分病害如裂果、畸形果是育苗期的低温造成的。

四问浇水，果期长期干旱，一旦大水浇，果会裂。

五问用药。问药名、药效、喷施方法。

六问管理。分析温度、湿度、放风等。

案 例

黄瓜小瓜柄变褐色。

诊断：问棚温：4℃。因此是冻害。

（4）切

诊查时除了表面查看外，组织内部也要查看，特别是下列情况，一定要“切”。

一是植株萎蔫状。植株萎蔫一般是水肥跟不上。因此应想到根系或茎秆出了毛病。

二是病果。如上筋腐病。表皮没有病症，必须横剖，查维管束是否变褐色。

案 例

棚中间两畦的番茄黄、不结果。

诊断：拔出检查，根上形成大量瘤子。因此为根结线虫危害。

7. 无公害蔬菜病虫害综合防治技术的主要内容是什么？

蔬菜无公害标准化病虫综合防治贯彻以“预防为主，生物物理防治为重点”的综合防治策略。

（1）生物防治

利用害虫天敌防治害虫，如青蛙、寄生蜂、瓢虫等；使用微生物、病毒等生物农药防治害虫。

（2）实施农业和物理防治措施

用黑光灯、高压汞灯、草把等诱杀害虫；用黄油板等诱杀蚜虫和白粉虱；高温闷棚，防治大棚黄瓜霜霉病；人工捉虫，清除病源植株。

（3）优化施药方法

实行早期用药，提高防治效果；实行挑治，减少普治；做到一药多治，病虫害兼治。

（4）有限度地使用化学农药

限定农药品种和用量；严格执行农药安全使用标准和安全间隔期。

8. 什么是绿色食品？

指遵循可持续发展原则，按照特定生产方式生产，经专门机构认定，许可使用绿色食品标志的，无污染的安全、优质、营养类食品。

9. 绿色食品产地环境条件要求有哪些？

绿色食品生产基地应选择在无污染和生态条件良好的地区。基地选点应远离工矿区和公路铁路干线，避开工业和城市污染源的影响，同时绿色食品生产基地应具有可持续的生产能力。

10. 绿色食品生产使用肥料的类型有几种？

（1）农家肥料

系指就地取材、就地使用的各种有机肥料，它由含有大量生物物质、动植物残体、排泄物、生物废物等积制而成，包括堆肥、沤肥、厩肥、沼气肥、绿肥、作物秸秆肥、泥肥、饼肥等。

①堆肥。以各类秸秆、落叶、山青、湖草为主要原料并与人畜粪便和少量泥土混合堆制经好气微生物分解而成的一类有机肥料。②沤肥。所用物料与堆肥基本相同，经微生物嫌气发酵而成的一类有机肥料。③厩肥。以猪、牛、马、羊、鸡、鸭等畜禽的粪尿为主与秸秆等垫料堆积并经微生物作用而成的一类有机肥料。④沼气肥。在密封的沼气池中，有机物在嫌气条件下经微生物发酵制取沼气后的副产物。主要由沼气水肥和沼气渣肥两部分组成。⑤绿肥。以新鲜植物体就地翻压、异地施用或经沤、

堆后而成的肥料。主要分为豆科绿肥和非豆科绿肥两大类。⑥作物秸秆肥。以麦秸、稻草、玉米秸、豆秸、油菜秸等直接还田的肥料。⑦泥肥。以未经污染的河泥、塘泥、沟泥、港泥、湖泥等经嫌气微生物分解而成的肥料。⑧饼肥。以各种含油分较多的种子经压榨去油后的残渣制成的肥料，如菜子饼、棉籽饼、豆饼、芝麻饼、花生饼、蓖麻饼等。

（2）商品肥料

按国家法规规定，受国家肥料部门管理，以商品形式出售的肥料。包括商品有机肥、腐殖酸类肥、微生物肥、有机复合肥、无机（矿质）肥、叶面肥等。

①商品有机肥料。以大量动植物残体、排泄物及其他生物废物为原料加工制成的商品肥料。②腐殖酸类肥料。以含有腐殖酸类物质的泥炭（草炭）、褐煤、风化煤等经过加工制成含有植物营养成分的肥料。③微生物肥料。以特定微生物菌种培养生产的含活的微生物制剂。根据微生物肥料对改善植物营养元素的不同，可分成五类：根瘤菌肥料、固氮菌肥料、磷细菌肥料、硅酸盐细菌肥料、复合微生物肥料。④有机复合肥。经无害化处理后的畜禽粪便及其他生物废物加入适量的微量营养元素制成的肥料。⑤无机（矿质）肥料。矿物经物理或化学工业方式制成，养分是无机盐形式的肥料。包括矿物

钾肥和硫酸钾、矿物磷肥磷矿粉、煅烧磷酸盐（钙镁磷肥、脱氟磷肥）、石灰、石膏、硫黄等。⑥叶面肥料。喷施于植物叶片并能被其吸收利用的肥料。叶面肥料中不得含有化学合成的生长调节剂。包括含微量元素的叶面肥和含植物生长辅助物质的叶面肥料等。⑦有机无机肥（半有机肥）。有机肥料与无机肥料通过机械混合或化学反应而成的肥料。⑧掺合肥。在有机肥、微生物肥、无机（矿质）肥、腐殖酸肥中按一定比例接入化肥（硝态氮肥除外），并通过机械混合而成的肥料。

（3）其他肥料

指不含有毒物质的食品、纺织工业的有机副产品，以及骨粉、骨胶废渣、氨基酸残渣、家禽家畜加工废料、糖厂废料等有机物料制成的肥料。

11. 绿色食品肥料使用规则是什么？

肥料使用必须满足作物对营养元素的需要，使足够数量的有机物质返回土壤，以保持或增加土壤肥力及土壤生物活性。所有有机或无机（矿质）肥料，尤其是富含氮的肥料应对环境和作物（营养、味道、品质和植物抗性）不产生不良后果方可使用。

12. 绿色食品农药使用准则是什么？

绿色食品生产应从作物—病虫草等整个生态系

统出发，综合运用各种防治措施，创造不利于病虫草害孳生和有利于各类天敌繁衍的环境条件，保持农业生态系统的平衡和生物多样化，减少各类病虫草害所造成的损失。

优先采用农业措施，通过选用抗病抗虫品种、非化学药剂种子处理、培育壮苗、加强栽培管理、中耕除草、秋季深翻晒土、清洁田园、轮作倒茬、间作套种等一系列措施起到防治病虫草害的作用。还应尽量利用灯光、色彩诱杀害虫，机械捕捉害虫，机械和人工除草等措施，防治病虫草害。特殊情况下，必须使用农药时使用。

13. 绿色食品使用农药的主要类型？

（1）生物源农药

直接利用生物活体或生物代谢过程中产生的具有生物活性的物质或从生物体提取的物质作为防治病虫草害的农药。

（2）矿物源农药

有效成分起源于矿物的无机化合物和石油类农药。

（3）有机合成农药

由人工研制合

成，并由有机化学工业生产的商品化的一类农药，包括中等毒和低素类杀虫杀螨剂、杀菌剂、除草剂。

14. 什么是有机食品？

指生产环境未受到污染，按照规定的技术规范生产，不使用化学合成的农药、化肥及生长激素类物质，不采用转基因技术及其产品，并使用特定标志的农产品及其加工品。

15. 有机食品的产地环境要求有哪些？

生产环境未受到污染，可参照绿色食品产地环境标准执行。

16. 有机农业病虫防治的原理是什么？

针对农药的种种害处，有机农业从思想意识上提出了农业生产过程是一种人与自然协调相处的过程，病虫草害也是自然界固有的组成部分，对它们的控制是要充分利用生物间的相生相克原理，以抑制它们的爆发，将其控制在经济危害水平之下即可。因此，作物生产中的病虫害防治首先在于采取适当的农艺措施建立合理的作物生产体系和

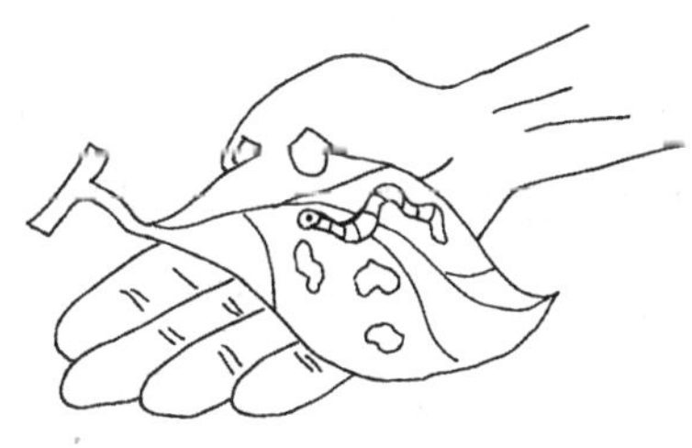

健康的生态环境，提高系统的自然生物防治能力和作物对病虫害的抵抗能力，而并非像现代农业那样力求彻底消灭病虫害。

17. 有机农业病虫防治的主要措施有哪些？

（1）增加作物品种多样性，建立平衡的生产体系

模拟自然生态系统，增加种植作物多样性是有机农业病虫防治的基本原理。多样性设计包括时间与空间两种范围，时间上主要是指合理轮作与播种、收获时间的变化选择，空间上为多种作物品种的复合种植，包括同种作物不同品种的混合、不同作物品种的复合种植（间作、套种）、杂草、野花、树篱、风屏植物或果园底层的植物等非作物植物的管理。

（2）建立合理轮作体系，抑制专性寄生病虫发生

轮作是有机栽培的最基本要求和特征之一，无论是土壤培肥还是病虫防治都要求实行作物轮作。轮作防治病虫的主要原理是利用寄生与非寄生作物的交替，切断了那些离开寄生作物或嗜好寄生便不能长期存活的专性寄生病虫的食物链，使之饥饿致死。轮作也避免了一些植物对自身和同科属作物的他感作用。有机种植中的轮作一般是指超越因季节

变化而导致的不同作物种植，更强调相邻年份相同季节里不同作物的安排。

（3）加强土壤肥水管理，促使作物健康生长

有机农业原理认为健康的土壤是作物、牲畜和人类健康的基础，因此防治作物病虫害首先是要正确地培肥土壤。施肥是先“喂”土壤，再由土壤为作物提供养分，强调施用有机肥、种植绿肥尤其是豆科绿肥来培肥土壤，将土壤生态系统的营养源和能源，通过土壤微生物分解使其中的养分以平衡的比例为植物所吸收，并在整个生长季节陆续释放，使病原菌保持在相对低的水平，不会引起作物病害暴发，不影响作物的正常生长。

在有机肥具体施用方面，要求有机肥使用之前必须充分腐熟。应用腐熟的堆肥可以抑制真菌病害的发生。种植豆科绿肥不仅可为作物提供大量的养分，而且对一些病害有抑制作用。在施肥方式上也要注意，如重施底肥，早施追肥可使作物生长健壮，从而抵御病虫的侵袭。

知识点

腐熟过程产生的高温可以杀灭其中的病原菌、虫卵及杂草种子，未腐熟的有机肥对一些害虫有吸引作用，会加重对作物幼苗的危害。同时未充分腐熟的有机肥料在施入农田后进一步腐熟，造成农作物脱水脱肥。

在灌溉方面，由于灌溉影响土壤湿度及农田小气候，进而影响病虫的发生。如采用滴灌可减少土壤潮湿面积从而减少作物疾病发生，有时该灌不灌能促使作物早熟躲开虫害发生，而灌水过勤可使作物贪青生长，使害虫多繁殖一代。因此在田间用水方面一定要积累经验，把握好灌溉的时间、用水量与次数，减少病虫害的发生。

（4）强化生产全过程的管理，减少作物病虫发生

有机农业是一种知识和管理集约型农业，在制订生产计划后，要求从作物种子、种苗的挑选至产品收获的全过程进行细致管理，清除作物生长过程中可能出现的各种病虫害隐患，将病虫控制在萌动阶段。作物生产过程的管理程序是：①种子、种苗的选择及处理。应尽量选择抗病虫品种（但不应是基因工程品种）。另外，在播种前必须剔除带病和有虫嗑的种子，必要时用温水、盐水、石灰水等物理方法处理种子，以杀死病菌和虫卵。采用灭过菌的土壤或没有种植过作物的土壤作为育苗基质也是减少苗期染病的重要手段。对于种苗，有条件的情况下应尽量选择无病毒幼苗，或挑选没有病状、健壮的秧苗。②播种时期选择。根据作物病虫发生规律，适当地调整播种、移栽日期，以回避某些病虫发生的高峰期，或使害虫与天敌益虫发生同步，或作物

生长与不利病虫发生的气候条件同时进行。一般提前播种，可使作物生长强壮时才遇到某种病虫发生，此时可增加抵抗能力；延后播种期则可躲过一些害虫的产卵期，从而避害，或使作物生长关键时期避开某些害虫发生。③及时除草。中耕除草及时，可以恶化害虫生存条件并直接杀灭一些害虫。④修剪。果树、茶丛整形修剪，疏花疏果可以除去一部分害虫。⑤田园清洁。清除落蕾、落花、落果及枯枝、残枝、残茬，对消除部分虫口有一定作用。对于易受病害感染的作物应及时清除最初病状的植株，以免引起大面积的传染。作物秸秆最好是通过动物过腹还田或通过堆制后再还田，以杀灭其中可能带有的病原菌。⑥适时收获。适时收获、贮存可减轻病虫危害和杀灭部分虫口。⑦加强冬季田间管理。通过冬耕可以直接杀死和冻死越冬害虫或虫卵，并可将土表枯枝落叶、残茬或浅土中的害虫翻入深处，使其难以出土而死亡。果树树干涂白是最常见的冬季病虫防治措施。

(5) 采取适当的生物、物理防治措施

根据有机生产原理，病虫防治主要是通过为作物创造一最适的生长环境，提高系统自身的生防能力，将病虫控制在经济危害水平之下。有时有些害虫在较低的种群数量时就可达到经济危害的程度，且有些迁飞性害虫来得突然，繁殖迅速，有时捕食性天敌发展太慢，这些情况下有必要采用一些生物、物理及矿物性农药防治病虫害。

18. 有机农业病虫防治实用技术有哪些?

（1）防虫网的使用

防虫网采用高密度聚乙烯为原料拉丝精织而成，具有耐老化（使用寿命3～5年）、抗拉强度大、成本低等特点，主要应用于蔬菜生产。应用防虫网覆盖栽培技术可以防止害虫成虫进入，减少害虫危害。采用防虫网覆盖，可以有效抑制害虫侵入和传播病毒，同时防虫网还可缓冲暴雨、冰雹对作物的撞击，并具有防强风、防冻害等功能。

（2）杀虫灯的使用

黑光灯可以诱集玉米螟、蝼蛄、棉铃虫、金刚钻、金龟子、叶蝉、中黑盲椿象等10余种害虫，均有良好的诱杀效果。使用黑光灯应选择无风、温暖的前半夜进行，在灯下放置水盆，盆内放些机油或植物油，以粘住虫体，防逃逸。

（3）植物性农药

如果早期控制不及时，害虫大量繁殖，则还可用苦参碱、除虫菊素、楝树制剂（印楝素）、鱼藤酮等天然植物性农药防治。

（4）植物油防治叶螨、红蜘蛛

植物油（如菜子油）加水与乳化剂（类脂）配

成不同浓度的乳油，如1%溶液防治黄瓜害虫，0.5%～2%溶液防豆类害虫，7～10天喷一次。

（5）黄板防治蚜虫、潜叶蝇

取35厘米×25厘米的木板，也可用三合板，打两个孔，便于悬挂，用广告色调成橘黄色，表面铺上保鲜膜，在保鲜膜上均匀刷上食用油，悬挂高度与作物同高度即可，南北挂最好。根据虫口密度，一般每两块黄板相间10米，每100平方米挂6块，在化蛹中后期悬挂最好，起到杀成虫效果。当黄板上粘的虫较多时，取下保鲜膜，换上新的，再涂上食用油，黄板可继续使用多次。此法在温室中（设施农业）较有效，在露地可作为害虫发生预测预报的手段。

（6）苏云金杆菌制剂

由于苏云金杆菌体内含有杀虫的晶体毒素，而又对人、畜、植物和天敌无害，不污染环境，不易使害虫产生抗药性，以至成为国内外研究、生产和应用得最多的一种微生物杀虫剂，也是有机生产中防治害虫的重要手段。

（7）苏打水防治白粉病

苏打水防治白粉病的机理是：①苏打水破坏真菌表面结构，降低孢子繁殖能力，另外，高pH也可抑制真菌的生长；②油制剂通过油膜覆盖阻断呼吸，使昆虫窒息死亡。使用苏打水制剂防治白粉病时注意：要早用，初见叶片上有白色斑点时就要用，每周一次，严重时勤用，对新长出的叶片也要进行预防性的喷洒；苏打水制剂0.20％～0.25％的溶液进行喷雾，可起预防作用，对于已经发病的，浓度最高可达1.0％，但要注意先做作物耐受性试验；用药要均匀，确保药水能够黏附在叶片上，最好在傍晚使用。

（8）糖醋液的使用

糖醋液诱蛾是利用害虫的趋化性而采用的一种诱杀办法。诱饵配制目前用的主要有以下几种方法：①红糖0.25千克（饴糖0.5千克）、醋0.25千克、酒0.05千克、清水0.5千克，混合均匀即成。②苦楝子0.75～1.0千克，加水1.0千克浸泡3～5天，再把苦楝子捻碎捞去渣子，加醋0.25千克、酒0.05千克。③酸菜0.25千克，加水0.75千克，揉出酸汁，加醋0.15～0.25千克、酒0.05千克。

使用方法：任取以上诱饵一种，倒在口径30厘米左右的浅钵（盆）里，置于田间，每公顷置45～75钵，搁在高为1米左右的木架或砖石砌成的平台上。每天傍晚开始诱蛾，每5天补充新鲜饵料一次。此法对地老虎、黏虫等害虫蛾子的引诱力较强。

（9）波尔多液、石硫合剂的配制与使用

石硫合剂原料：生石灰0.5千克、硫黄粉1千克、水6.5千克。

波尔多液的原料配比，随着作物种类、品种、防治对象、季节及气温的不同而采用不同的比例，做到既具有良好的药效，又不致产生药害。这里主要介绍三种配比：①石灰半量式：硫酸铜 0.5 千克、石灰 0.25 千克、水 50 千克；②石灰等量式：硫酸铜 0.5 千克、石灰 0.5 千克、水 50 千克；③石灰倍量式：硫酸铜 0.5 千克、石灰 1.0 千克、水 50 千克。

19. 有机农业的杂草观是什么？

（1）干扰农业生产行为的杂草确实有多方面的危害，它们与作物争夺空间、光线、养分与水分。有些杂草与作物生长习性相似，如果不除去，则严重影响作物生长。作物生长收获后，杂草可作为病虫的替代寄主，杂草种子混入作物中也影响产品的质量。对这些杂草就清除，但必须采用非化学方法进行控制，以免损伤土壤与作物，且低密度的杂草是可以容忍的。

（2）一些杂草是土壤结构与营养状况出现问题的指示，一些有害杂草或杂草的聚集显示着田间有机腐化过程的不适当或腐化不完全；一些杂草出现是土壤酸化的指示，通过施用石灰可控制这类杂草的生长。

（3）某些杂草在维持土壤肥力、减少土壤侵蚀、提高土壤生物活性、控制害虫、提供牲畜营养方面起重要作用，这类杂草应得到保护。

（4）杂草控制不能采取全部清除的手段以达到田园十分干净的程度。杂草控制要以能达到与作物间协调平衡为度，低水平的杂草不会对作物造成经济威胁，低于经济阈值的杂草没有必要控制。

20. 有机耕作控制杂草的主要手段有哪些？

从有机农业对杂草的观点可知，有机农业充分考虑了杂草的有害和有利的两重性，也不要求彻底清除作物田地的杂草，对一些有害的杂草有机生产可采用耕作措施、生物防治、机械除草的方式来控制杂草的生长。概括起来主要有以下手段：

（1）防止杂草种子的传播

播种前，清除作物种子中夹杂的杂草种子；使用的有机肥也必须充分腐熟，否则其为田间杂草种子的一个重要来源。

（2）作物种植前清除杂草

在作物播种、移栽前，对田块进行翻耕、灌溉，促使杂草萌芽，然后再翻耕一次，清除萌发的杂草；在作物生长过程中通过灌溉管理防草，可控制大多数杂草生长。

（3）利用太阳能除草

用白塑料薄膜在晴天覆盖潮湿的田块 1 周以上，可使温度超过 65℃，以杀死杂草种子，减少杂草数量，同时也可杀死一些病原菌。

（4）改进播种、栽培技术

如增大播种率、缩小作物行距，对难萌发作物，改直播为移栽等，使作物迅速占领空间，减少杂草对营养、水分、光线的获取，从而抑制杂草的生长。

（5）应用覆盖物控制杂草，保护土壤

用黑薄膜、作物秸秆、树皮等进行覆盖，阻挡光线透入，抑制杂草萌发；在果园与行栽作物地种植活的覆盖作物也可抑制杂草的生长。在水稻田，放养红萍既可起到固氮培肥的作用，又能抑制杂草生长。

（6）适时除草

适时进行机械与人工除草，尤其是作物生长的前 1/3 阶段，清除杂草于幼嫩状态。因作物生长早期比较脆弱，不能形成对杂草的竞争优势，且杂草生长早期为养分主要吸收时期，对养分的吸收效率较作物高，如果不清除则与作物争夺养分，影响作物生长，对产量的损失影响很大。实践证明，除草越晚，则所需劳力越多，对作物造成的影响也越大。

（7）利用作物轮作减少杂草生长

连作使那些与作物生长相伴随的杂草群体越来越大，而轮作由于不同作物的耕作方式不同，作物的生长习性也不同，不利于杂草体系的建立。一般可以一年生和多年生作物轮作，生长稠密、郁闭度高的作物与稀疏、郁闭度低的轮作。另外，在轮作计划中安排种植绿肥，如苜蓿、三叶草、黑麦草、大麦等，抑制杂草萌发，并可减少下一季作物杂草数量。

（8）生物防治控制杂草

虽然昆虫应用不多，但是真菌除草剂应用较广泛。也可用些大型动物防草，如利用鸭子或稻田养鱼可防治水稻田的杂草。

（9）火焰枪烫伤法除草

此法只有当作物种子尚未萌发或长得足够大时才可应用，并在杂草小于3厘米时最有效。

（10）植物毒素抑制杂草生长

一些覆盖作物如黑麦草、大麦，除通过竞争外，主要是通过分泌的植物毒素抑制杂草生长。

（11）应用堆肥作为控制杂草和病虫害的重要手段

堆肥过程产生的高温可杀死动物粪便中的杂草种子和一些病虫休眠体；堆肥也可避免大量作物残体翻入土壤中产生毒素的潜在危害。同时由于堆肥可提高土壤肥力，改善土壤结构，增加土壤微生物活力，从而提高作物对杂草的竞争能力和对病虫害的抵抗能力。由于堆肥可增加土壤有机质含量，使土壤疏松，也使杂草易于拔除。

21. 有机食品生产土壤培肥的原则是什么？

有机农业理论认为土壤为一活的生命系统，施肥首先是“喂”土壤，再通过土壤微生物的作用来供给作物养分。因此，有机农业要求从有机肥、作物、土壤及合理轮作几方面综合考虑。

22. 有机肥分几类？主要包括哪些肥料？

有机肥是有机种植的主要肥源，按其来源、特征和积制方法可分为四类：①粪尿肥，包括人粪尿、畜粪尿、禽粪、厩肥等；②堆沤肥，包括秸秆还田、堆肥、沤肥和沼气肥；③绿肥，包括栽培绿肥和野生绿肥；④杂肥，包括泥炭（只允许用于盆栽和育苗）和腐殖酸类（应采用有机标准中允许的方式提取腐殖酸）肥料及油粕类肥料等。

小贴士

有机、无机肥料需配合使用。有机肥料营养成分齐全，但每种养分的含量相对较少，需与化学肥料配合使用，方能提高养分利用效率，达到丰产效果。同时有机肥料也要控制施用量。

23. 如何根据有机肥特性进行施肥？

有机肥来源广、种类多，常用的包括人畜粪尿、作物秸秆、厩肥、堆肥、沤肥、沼渣液、绿肥、饼肥等，它们各具自身的性质与特点。正确施用，则能充分发挥肥效，达到提供作物养分、改良土壤的目的；如果使用不当，则不但肥效大量损失，还有可能影响作物生长，并造成环境污染。因此施用有机肥必须注意以下几点：

（1）各类有机肥除直接还田的作物秸秆和绿肥外，为了矿化营养物质，降低碳氮比及杀灭病原菌、寄生虫卵和杂草种子，一般需充分腐熟后方可施入土壤。

（2）人粪尿含氮高，是速效有机肥，适合于作追肥使用，但因其中含有约1%的食盐，对烟草、薯类、瓜果以及甜菜等作物的品质有不良影响，在这些忌氯的作物上不宜过多地施用人粪尿。另外，由于人粪尿有机质含量低，不易在土壤中累积，加上其中钠含量高，对土壤有分散作用，长期单独施用会破坏土壤结构，因此施用人粪尿的土壤必须配合施用厩肥、堆肥等有机质含量高的肥料，以提高土壤有机质含量。

（3）堆沤肥、沼肥及厩肥都经过一定程度的腐解，易分解的能源物质含量较低，绝大多数有机氮以比较稳定的形式存在，一般作基肥使用，施用于各类土壤和各种作物。

（4）秸秆类肥料一般碳氮比较高，施用不当易与作物争夺速效氮而影响作物早期生长，故在作物秸秆还田的同时，必须使用适量的高氮物质，以降低碳氮比，促进秸秆腐解。

(5) 草木灰是农村最为普通的钾肥，含氧化钾5%～10%。由于草木灰碱性强，不宜与腐熟的粪尿、厩肥等混合贮藏和使用，以免造成氨的挥发，降低肥效。有机农业禁止随意焚烧秸秆，因此不应为获取草木灰而随意焚烧秸秆。

24. 怎样根据作物品种及其生长规律进行培肥？

对于化学肥料，其营养元素与含量都很明确，比较易于控制使用的数量和比例，而有机肥营养成分比较复杂，在一般人的意识中没有清楚的养分含量概念，难以把握施用量，更不依据不同作物的养分需求合理地配合施用。因此了解不同有机肥营养成分含量对正确施用有机肥，满足作物生长至关重要。在制订有机栽培施肥计划时，首先就要确定有机肥料的 N、P、K 含量，当季利用率（一般为20%～40%），作物残茬和土壤库存养分的贡献率和作物对养分的需求量。一般有机肥中氮素含量较低，磷、钾含量相对较高，而氮素又是作物生长需求量最大、土壤中又比较缺乏的元素，所以在计算有机肥施用量时，可以作物生长需氮量为基础进行计算，氮量足够，磷、钾就一般不会缺乏。

25. 如何根据土壤性质合理施肥？

土壤的特性对于作物营养与施肥的关系是非常密切的，土壤的水分、温度、酸碱反应、供肥保肥能力以及微生物状况等都直接影响作物对营养物质的吸收。不同的土壤，其肥力状况不同，供给作物养分的能力也不一样。另外，有机耕作土壤培肥还要考虑土壤的保肥性能、土壤的酸碱反应。沙性土保肥性差，多施固态有机肥有利于提高其保肥能力，施用液体有机肥时，就注意少量多次。总之，有机栽培的土壤培肥必须结合土壤的特性，因地制宜，按土用肥。

26. 如何通过建立合理的轮作体系提高土壤自身的培肥能力？

在制定有机栽培计划时，要合理安排深、浅根作物及需肥量大、小的作物和豆科作物的茬口，增强有机耕作土壤培肥的系统观和整体观，统筹规划，做到土地的用养结合，保持土壤肥力的持久性。

土壤培肥是一种复杂的技术行为，有机农业要求高度重视豆科绿肥在土壤培肥中的作用，并利用有机肥和合理的轮作来培肥土壤。必须综合考虑肥料、作物、土壤等因素，建立起有机耕作的“平衡施肥”观念，及根据作物品种和土壤供肥性能配合使用各种有机肥以满足作物对氮、磷、钾及其他营养元素的需要和土壤培肥的系统观念，以确保提供作物足够的养分，获得满意的产量，并保持土壤肥力经久不衰。

27. 地膜覆盖在土壤培肥与保护土壤方面有什么作用？

防止雨、风造成的危害，防止土壤流失；改善土壤内的微气候，防止太阳辐射造成的危害；保持土壤物理结构；降低在覆盖物下的土壤密度；增强土壤活性与土壤肥力；保持土壤湿度；抑制杂草生长；减少耕耘土地的需要；将养分返还给土壤；影响土壤的化学性质；对产量的影响。

28. 什么是生态畜牧业？

生态畜牧业是指运用生态系统的生态位原理、食物链原理、物质循环再生原理和物质共生原理，采用系统工程方法，并吸收现代科学技术成就，以发展畜牧业为主，农、林、草、牧、副、渔因地制宜，合理搭配，利用传统农业精华和现代科技成果，通过人工设计生态工程协调发展与环境之间、资源利用与保护之间的矛盾，形成生态上与经济上两个良性循环，经济、生态、社会三大效益的统一。

29. 生态畜牧业的特征是什么？

一是以畜禽养殖为中心，同时因地制宜地配置其他相关产业（种植业、林业、无污染处理业等），形成高效、无污染的配套系统工程体系，把资源的开发与生态平衡有机地结合起来；二是生态畜牧业系统内的各个环节和要素相互联系、相互制约、相互促进，如果某个环节和要素受到干扰，就会导致整个系统的波动和变化，失去原来的平衡；三是生态畜牧业系统内部以“食物链”的形式不断地进行着物质循环和能量流动、转化，以保证系统内各个环节上生物群的同化和异化作用的正常进行；四是在生态畜牧业中，物质循环和能量循环网络是完善和配套的，通过这个网络，系统的经济值增加，同时废弃物和污染物不断减少，以实现增加效益与净化环境的统一。

当前生态畜牧业的发展核心是通过生态技术手段实现畜禽养殖场与周围自然和人文环境的和谐发展，重点解决的问题是畜禽养殖场废弃物的无害化处理和循环利用增值。

30. 畜禽养殖场产地环境有什么要求？

发展生态畜牧业，首先应该按照生态畜牧业的基本要求选择适宜的产地。生态畜牧养殖场产地环境包括饮用水、大气、土地、噪声、温度、湿度、通风、光照、废弃物排放、厂矿企业、自然保护区、风景名胜区、城市和乡村等要素。基本要求，一是保证畜禽适宜的生产、生活环境；二是保护人类身体健康，不影响人类正常的工作和生活环境。

31. 畜禽养殖场规划设计有何要求？

（1）场址要求

畜禽养殖场所处地理位置应地形开阔、地势高燥；远离自然保护区、水源地、居民密集区、旅游景点等环境敏感区域；场址选择应满足兽医卫生防疫等要求；养殖场周围 3 公里内无大型化工厂、矿场或其他畜牧场，2 公里内无医院、畜产品加工厂、垃圾或污水处理场。

畜禽养殖场周围空气质量符合标准，所用水源的上游没有对所在地环境构成威胁的污染源，包括工业“三废”、农业废弃物、医院污水及废弃物、城市垃圾和生活污水等污染源，所在地不属于与水源有关的地方病高发区。同时，应交通便利，有专用道路与外界相连，与主要公路的距离至少在1公里以上；电力应能满足生产需要。

（2）建筑物布局及设计要求

总体要求：各功能区相互隔离，建筑物排列整齐美观，符合工艺流程；净污分明，净上污下，净道与污道尽可能减少交叉；人员、畜禽和物资运转应采取单一流向。

整个场区应设立围墙，与外界有效隔离，应设置防止渗漏、溢流、飞扬且具有一定容量的专用贮存设施和场所。场内分设生产区、行政区、生活区和污物、污水处理区四个功能区；行政区、生活区与生产区严格分开，各区间用围墙、水塘（或宽水渠）或防疫林带等设置屏障，实行严密的间隔。

场区应至少设门卫1个，出栏通行道1条，粪便等固形物通道1个，污水排水干沟1条，生产饲养区外设粪便处理设施和污水处理设施各1个（座）。

在场区道路的两旁和畜禽舍周边应设排水系统，排水系统分自然雨水排水和生产污水排水两个独立的系统。排水沟一般采用斜坡式。若采用方形明沟，其最深处不应超过30厘米，沟底应有1%～2%的坡度，上口宽 30～60 厘米。暗沟排水系统如过长(超过 10 米)，应增设沉淀井。沉淀井不应设在交通频繁的干道附近，距离供水水源至少应有一定的卫生间距。

场区内道路在卫生上要求运送饲料的道路不与运送畜禽粪的道路通用或交叉。场区道路或公共场所地面应采用便于清洗的混凝土、沥青或其他硬质材料铺设，应平整、无破损，防止积水和尘土飞扬。

生产区要建立在生活区上风头，与行政区、生活区保持有效的卫生间距，并防止生活区、行政区的生活污水和地面径流流入生产区。生产区应满足饲料生产和畜禽饲养的需要，区内设饲料生产加工区（供选)、饲养区、防治区、种畜禽引进隔离区和病畜禽隔离区，相互之间均应有效隔离。病死畜禽隔离处理区与这些区域应保持有效卫生间距，有条件者最好把饲养区内的繁殖区与育肥区分开。生产区入口设消毒池、更衣室和淋浴室，各畜禽舍门口设消毒池或消毒垫，生产区内净道、粪道分开。

饲料生产加工区应符合相关规定，其位置的确定，必须同时兼顾到饲料由场外运入与再由其中运到畜禽舍进行分发这两个环节，要求便于饲料从场外运入而又不需外面车辆进入生产区。一般毗邻行政区设置，区内设加工区和仓储区。

饲养区应满足饲养、隔离、防疫、卫生和污物、污水排出的需要，面积大小应满足生产的要求。饲养区入口应设立消毒池、更衣室和淋浴室。畜禽舍采取南向坐北朝南。畜禽舍的设计应注意温度、湿度、畜禽舍空气卫生、饲养密度等环境控制。饲养设备、设施和工器具用无毒、无味、耐腐蚀、不生锈、不吸水、易清洗、坚固的材料制作，其结构易于清洗消毒。

防治区是兽医防治诊疗的主要场所，应设在饲养区的下风与地势低处，与病死畜禽隔离区邻近，与畜禽舍保持一定的卫生间距。区内分为药品库、器械库、准备室、兽医办公室和病理解剖室等功能区，各区的面积大小、数量满足生产需要，药品库隔离有效，准备室满足消毒、配药和治疗需要。

种畜禽引进隔离区是用于饲养、观察引进种畜禽的单独区域，应满足隔离防疫和检疫要求。

隔离处理区是用于病畜禽隔离治疗和死畜禽处理的场所，应尽可能与外界隔绝，与正常畜禽舍保持一定的卫生间距。隔离处理区四周应有天然的或人工的隔离屏障（如浓密的乔灌木混合林、界沟、围墙、栅栏等），与其他各区之间满足隔离治疗和防疫的需要；设置单独的通道与出入口，出入口处设消毒池。隔离处理区的污水与污物经终末消毒后，排运到污物、污水处理区处理。隔离舍需光线充足，通风良好，并有单独的栏舍。

行政区应满足生产经营管理的需要，区内应设办公区、门卫和车辆停放区。

生活区是饲养员的生活场所，区内应设宿舍、食堂和生活垃圾处理区等功能区。

污物、污水处理区应设在生产区或整个场区的最下风处、畜禽舍远端一侧，应与畜禽舍保持一定的卫生间距。分设两个系统，分别为污物处理系统和污水处理系统。污物处理以处理粪便等固形物为主。污水处理以处理畜禽尿和生产污水为主。它们的设施应符合环保和兽医卫生防疫的要求。

场区绿化是改善场区小气候、净化空气、减少尘埃、加强防疫和防火工作，以及美化环境的需要。应在场界周边种植乔木和灌木混合林带，设置场界林带。在生产区、生活区、管理区的四周设置场区隔离林带。在场内道路两旁裸露地面应植树、植草绿化，并配专人管理。

32. 畜禽养殖场生产过程控制主要有哪些环节？

畜禽养殖场生产涉及场地建设、环境控制、繁育、疾病防疫、饲料供应、运输、产品保藏等诸多环节。只有对每一环节进行有效的控制，才能保障生态生产的正常运转。

33. 畜禽养殖场门卫管理有哪些要求？

（1）进入场区大门的人员都应经过靴鞋底消毒（池）垫，在门卫旁的“卫生通过室”更衣、换鞋，经过洗手消毒，衣、鞋事先经紫外线照射 15 分钟消毒。

（2）车辆在场区大门口全面清洗后，其外表再用有效消毒药液实施全面彻底消毒，必须经过车辆消毒池进入行政区，并在指定区域停放。

（3）消毒池或消毒垫的药液应定期更换，以保证药液浓度有效。

（4）场外畜禽产品一律不得带入场内。

34. 畜禽养殖场行政区的管理有哪些要求？

外来人员只能在行政区内活动，不得进入生产区。场外运输应严格与场内运输分开，负责场外运输的车辆或外来车辆只能停放在行政区，严禁进入生产区。行政区的环境实行每周一大扫、每天一小扫，出现污水、污物，及时清除。

35. 畜禽养殖场生产区的管理有哪些要求？

（1）饲养区的管理

每天至少清扫两次，及时将粪便清理出畜禽舍，一般上午、下午各一次，并记录于《环境卫生清扫记录》中。

（2）饲料区的管理

①从场外来的运送饲料或原料的车辆，不得进入饲料成品仓储区。②饲料要定向流转（原料—加工—成品仓库—畜禽舍）、不倒流、不回流，饲养区内饲料包装物要相对固定，定期消毒（熏蒸）。③饲料原料、饲料成品码放整齐，标识清楚。④经常保持区域内的整洁，及时清除饲料残渣，预防鼠类的孳生和活动。⑤经常性用器械灭鼠法进行捕鼠灭鼠，不得采用药物灭鼠法灭鼠。

（3）防治区的管理

①兽医不准私自对外服务。固定巡回路线和程序，即首先检查种畜禽、繁殖畜禽，再依次检查其他的畜禽群，不得任意在种畜禽舍之间串走。②保持防治区的卫生和整洁，定期进行预防性消毒。消

毒剂定期更换。③药品码放整齐，标识清楚。④废弃物品及时清除，随时消毒。⑤病理解剖室工作后实施终末消毒。

（4）种畜禽引进隔离区的管理

①引进种前，畜禽舍地面、墙壁清洗干净，然后用药液预防性彻底消毒一次，再用福尔马林熏蒸一昼夜，次日打开门窗，空舍5～7天，再引进畜禽。②从外地引进种畜禽必须先现场检疫、体表消毒、过消毒池，再接种疫苗、隔离检疫饲养45天以上，确认健康无病后，方可进入饲养区。③隔离检疫期间，区域环境实行每周一大扫并消毒一次，每天两小扫，出现污水、污物，应及时清除。

（5）病死畜禽隔离处理区的管理

①防止病畜禽相互接触；保持安静、干爽、清洁；经常进行消毒，严禁闲人入内；专人负责饲养病畜禽和打扫环境卫生；区域环境实行每周一大扫并消毒一次，每天两小扫，出现污水、污物，及时清除。②病死畜禽完成处理后，实施终末消毒。

36. 畜禽养殖场生活区的管理有哪些要求？

住在生活区的人员一律不得到外面购买畜产品；饲养人员应定期进行体检，以防止人畜共患病；职工不准私自从事养殖或屠宰等有关活动；生活区环境实行每周一大扫、每天一小扫，出现污水、污物，及时清除，定期进行灭鼠灭蝇工作。

37. 畜禽养殖场污物、污水处理区的管理有哪些要求？

①应注重源头控制和污染物综合利用。建议采用粪、污水（尿）分离和综合利用法对污染物进行处理，尽量减少固体物（粪）进入下水道。②污物、污水处理应符合国家环保总局和国家质检总局联合发布的《畜禽养殖业污染物排放标准》（GB 18596—2001）的有关要求。③粪便等固形物污物最好经生物热发酵腐熟，无害化处理后用做有机肥料，以降低环保费用，减少成本和对环境的污染。污水最好做沼气原料，用于产生沼气，沼液再用于鱼塘、农田。④定期对污物、污水处理区进行清理打扫，并进行预防性消毒和杀虫，防止蝇、蚊、虻等媒介生物的孳生，杜绝媒介传播性疾病。

38. 畜禽养殖场饲料管理有哪些要求？

（1）原料品质合格，用量符合法规标准

①饲料原料应无发霉、变质。结块，无异味、异臭，液体饲料应色泽均匀。卫生指标、有毒有害物质及微生物允许量符合《饲料卫生标准》（GB 13078）的规定。禁止使用制药工业副产品。②配合饲料、浓缩饲料和添加剂预混料应色泽一致，无发霉、变质、结块，无异味、异臭。有毒有害物质及微量元素添加量符合《饲料卫生标准》（GB 13078）的规定。③营养性饲料添加剂和一般饲料添加刑具有该品种应有的色、臭、味和形态特征，无异臭、异味。所用品种应属农业部公布的《允许使用的饲料添加剂品种目录》以及取得试生产产品批文的新饲料添加剂品种，生产企业应是已取得农业部颁发的饲料添加剂生产许可证的企业。用法和用量应遵照饲料标签规定的用法和用量。④药物饲料添加剂严格执行农业部发布的《饲料药物添加剂使用规范》和相应标准规定的品种、用量和休药期。不使用国家规定的违禁药物。

（2）饲料加工及使用过程管理

①设施良好。生产设施卫生管理符合《配合饲料企业卫生规范》（GB/T 1576—1）的要求。定期对计量设备进行检验和维护，对微量和极微量成分应进行预稀释，有专门的配料室，并有专人管理。②混合均匀。混合投料按先大量后小量的原则进行，投入的微量组分应预稀释到配料秤最大称量的5%

以上；生产药物添加型饲料时，根据药物类别，先生产含药量低的饲料，再生产含药量高的饲料；同一班次应先生产未加药的饲料，再生产加药饲料；生产含不同药物的饲料时，应避免药物的交叉污染。③检验有效。感官要求，粗蛋白质，钙、磷含量为出厂检验项目，其余均为形式检验项目。违禁药物、限用药物为判定合格指标。检验中有一项指标不合格，应重新取样复检，复检中有一项指标不合格者即判定为不合格。④建立制度记录。畜禽养殖场应建立以上饲料加工方面的管理制度，明确各机构、工作岗位及相关人员的职责权限，设置相应的生产记录，以确保各项措施落实到位。⑤及时更新饲料相关规定。为保护人民健康和生命安全，随着畜牧业的发展，国家对饲料及饲料添加剂的限定条件不断进行调整，因此，应及时跟踪相关规定，以掌握最新饲料及饲料添加剂的规定。

39. 畜禽养殖场兽药管理有哪些要求？

（1）科学防治，合理规范用药

严格按照《中华人民共和国动物防疫法》和相关无公害食品畜禽兽医防疫准则的规定进行预防，建立严格的生物安全体系，防止畜禽发病和死亡，最大限度地减少化学药品和抗生素的使用。确需使用治疗用药的，经实验室诊断确诊后再对症下药。

兽药的使用应有兽医处方并在兽医的指导下进行。用于预防、治疗和诊断疾病的兽药应符合《中华人民共和国兽药典》、《中华人民共和国兽药规范》、《中华人民共和国兽用生物制品质量标准》、《兽药质量标准》、《进口兽药质量标准》和《饲料药物添加剂使用规范》的相关规定。所用兽药应来自具有《兽药生产许可证》和产品批准文号的生产企业或者具有《进口兽药许可证》的供应商。所用兽药的标签应符合《兽药管理条例》的规定。

（2）建立完备记录，利于溯源查证

建立并保存畜禽免疫程序记录；建立并保存全部用药的记录，治疗用药记录包括畜禽的编号或其他标志、发病时间及症状、治疗用药物名称（商品名及有效成分）、给药途径、给药剂量、疗程、治疗时间等；预防或促生长混饲给药记录包括药品名称（商品名及有效成分）、给药剂量、疗程等。所有记录资料应保存两年以上。

（3）允许使用的兽药

①符合《中华人民共和国兽用生物制品质量标准》规定的疫苗预防畜禽疾病。②除酚类外的消毒防腐剂均可对饲养环境、厩舍和器具进行消毒，鸡产蛋期禁用酚类、醛类消毒剂。③符合《中华人民共和国兽药典》第二部和《中华人民共和国兽药规范》第二部规定的用于畜禽疾病预防和治疗的中药

材和中成药。④符合《中华人民共和国兽药典》、《中华人民共和国兽药规范》、《兽药质量标准》和《进口兽药质量标准》规定的钙、磷、硒、钾等补充药，酸碱平衡药，体液补亢药，电解质朴充药，血容量补充药，抗贫血药，维生素类药，吸附药，泻药，润滑剂，酸化剂，局部止血药，收敛药和助消化药。⑤国家兽药管理部门批准的微生态制剂。⑥无公害食品兽药使用准则的附录中规定的兽药，使用时应注意以下几点：严格遵守规定的给药途径、使用剂量、疗程和注意事项；严格遵守休药期的规定，及时了解国家最新有关兽药使用方面的规定；标准附录中未规定休药期的品种，应遵守不少于28天、弃奶期、弃蛋期不少于7天的规定；抗寄生虫药外用时注意避免污染畜禽产品；注意药物配伍禁忌，抗球虫药应以轮换或穿梭方式使用，以免产生抗药性。

（4）慎用和禁用的兽药

①慎重使用的兽药。经农业部批准的，作用于神经系统、循环系统、呼吸系统、泌尿系统等的拟肾上腺素药、抗（拟）胆碱药、平喘药、肾上腺皮质激素类药和解热镇痛药。②禁止使用的兽药。禁止使用有致畸、致癌和致突变作用的兽药；禁止在饲料及饲料产品中添加未经国家畜牧兽医行政管理部门批准的《饲料药物添加剂使用规范》以外的兽

药品种，特别是影响畜禽生殖的激素类药、具有雌激素样作用的物质、催眠镇静药和肾上腺素能药等兽药；禁止使用未经国家畜牧兽医行政管理部门批准或已经淘汰的兽药；禁止使用未经国家畜牧兽医行政管理部门批准的用基因工程方法生产的兽药。

40. 畜禽养殖场防疫管理有哪些要求？

（1）卫生消毒

①工作人员应定期体检，取得健康合格证后方可上岗。②生产人员进入生产区时应淋浴消毒，更换衣鞋。工作服应保持清洁，定期消毒。非生产人员一般不允许进入生产区。在特殊情况下，非生产人员需经淋浴消毒，更换防护服后方可入场，并遵守场内的一切防疫制度。③定期对畜禽舍及其周围环境进行消毒。④定期对畜禽舍、器具及养殖场周围环境进行消毒。每批畜禽出栏后，对整个养殖场或畜禽舍进行彻底清洗、消毒。

（2）畜禽引进

①坚持自养自繁的原则。自繁自养的养殖场，父母代畜禽要进行定期检疫，严格执行种畜禽区、繁殖区和商品区相对独立，防止疫病相互传播。必须引进时，要严格执行《种畜禽管理条例》，并按照《种畜禽调运检疫技术规范》（GB 16567）进行检疫。

②引进家畜时，在引进前应调查产地是否为非疫区，并有产地检疫合格证明，不从有痒病或牛海绵状脑病等及高风险的国家和地区引进畜禽、胚胎或卵。畜禽在装运及运输过程中没有接触过其他偶蹄动物。运输车辆应做过彻底清洗消毒，并有运载工具消毒证明。引入后至少隔离饲养 30 天，在此期间进行观察、检疫，确认为健康者方可合群饲养。③引进畜禽时，应从经畜牧兽医行政管理部门核准合格的，并持有动物检疫合格证明的种畜禽场引进。引进后，应先隔离 7～14 天，确认健康后方可解除隔离。

（3）免疫接种

养殖场应根据《中华人民共和国动物防疫法》及其配套法规的要求，结合当地实际情况，制定预防接种规划，并认真实施。选用符合《中华人民共和国兽用生物制品质量标准》要求的疫苗，有选择地进行疫病的预防接种工作，并注意选择适宜的免疫程序和免疫方法。

（4）疫病的监测

当地畜牧兽医行政管理部门必须依照《中华人民共和国动物防疫法》及其配套法规的要求，结合当地实际情况，制定疫病监测方案，由动物防疫监督机构实施，养殖场应积极予以配合。养殖场常规监测的疫病如下：①养猪场：口蹄疫、猪水泡病、猪瘟、猪繁殖与呼吸综合征、伪狂犬病、乙型脑炎、猪丹毒、布鲁氏菌病、结核病、猪囊尾蚴病、旋毛虫病和弓形虫病。②养鸡场：高致病性禽流感、鸡新城疫、禽白血病、禽结核病、鸡白痢和伤寒。③奶牛场：口蹄疫、蓝舌病、炭疽、牛白血病、结核病、布鲁氏菌病。同时，需注意监测我国已消灭的疫病和外来病的传入，如牛瘟、牛传染性胸膜肺炎、牛海绵状脑病等。母牛在干乳前15天作隐性乳腺炎检验，在干乳时用有效的抗菌制剂封闭治疗。④肉牛饲养场：口蹄疫、结核病、布鲁氏菌病。⑤肉兔饲养场：兔出血症、兔黏液瘤病、野兔热等。⑥肉羊饲养场：口蹄疫、羊痘、蓝舌病、炭疽、布鲁氏菌病。同时，需注意监测外来病的传入，如痒病、小反刍兽疫、梅迪/维斯纳病、山羊关节炎/脑炎等。⑦鸭饲养场：高致病性禽流感、鸭瘟、鸭病毒性肝炎、禽衣原体病、禽结核病。⑧鹅饲养场：禽流感、鹅副黏病毒病、小鹅瘟。

各类养殖场除常规监测上述疫病外，还应根据当地实际情况，选择其他一些必要的疫病进行监测。根据当地实际情况由动物疫病监测机构定期或不定期进行必要的疫病监督抽查，将抽查结果报告当地畜牧兽医行政管理部门，并反馈给养殖场。

（5）疫病的控制与扑灭

畜禽养殖场发生疫病或怀疑发生疫病时，应依据《中华人民共和国动物防疫法》及时采取以下措施：①驻场兽医应及时进行诊断，并尽快向当地畜牧兽医行政管理部门报告疫情。②下列情况采取严格的隔离、扑杀措施：养猪场确诊发生口蹄疫、猪水泡病；养牛场确诊发生口蹄疫、牛瘟、牛传染性胸膜肺炎，发生炭疽时，对可能污染点彻底消毒，只扑杀病牛；养羊场确诊发生口蹄疫、小反刍兽疫、蓝舌病时，应扑杀病羊，发生炭疽时，应焚毁病羊，并对可能的污染点彻底消毒；家禽养殖场确诊发生高致病性禽流感；养兔场确诊发生兔出血症、兔黏液瘤病、野兔热，隔离、扑杀病兔同时，立即采取治疗、紧急免疫、对兔群实施清群和净化措施。③下列情况采取清群和净化措施：养猪场发生猪瘟、伪狂犬病、结核病、布鲁氏菌病、猪繁殖和呼吸综合征等疫病；养牛场发生蓝舌病、牛白血病、结核病、布鲁氏菌病等疫病；养羊场发生羊痘、布鲁氏菌病、梅迪/维斯纳病、山羊关节炎/脑炎等疫病，蓝舌病血清反应呈现抗体阳性，并不表现临床症状；养鸡场发生鸡新城疫、禽白血病、禽结核病等疫病；养鸭场发生鸭瘟、鸭病毒性肝炎、禽衣原体病、禽结核等疫病；养鹅场发生小鹅瘟、鹅副黏病毒病、禽霍乱、鹅白痢和伤寒等疫病；

(6) 养殖场全场进行彻底的清洗消毒

病死或淘汰畜禽的尸体按《畜禽病害肉尸及其产品无害化处理规范》(GB 16548) 进行无害化处理，消毒按《畜禽产品消毒规范》(GB/T 16569) 进行。

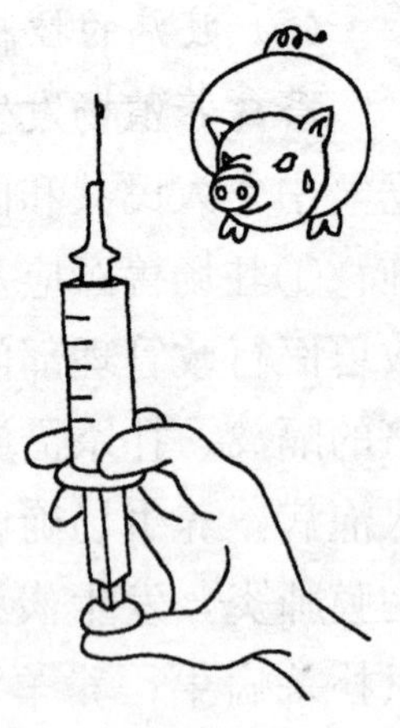

41. 鸡粪的干燥脱水处理方法有几种?

鸡粪的干燥脱水处理，可分为火力烘干和太阳能烘干两种。用火力烘干机来烘干鸡粪成本较高，特别是产生的恶臭，如果要完全去除，其消除的设备装置几乎需要与烘干机同样的投资。因此完全以火力烘干机来处理禽粪，虽然效率较高，但养殖场无法负担。太阳能烘干鸡粪，受日射、气温、湿度、风速、风量和风向等外在因素，以及鸡粪的形状、大小、含水率、理化性质等内在因素的影响。目前养鸡场的鸡粪大都暴晒于露天的水泥地面上，利用太阳能自然干燥。如在水泥地面上搭建塑料棚，将鸡粪放入棚舍内，再以太阳能晒干，则不怕下雨，恶臭的问题也可以解决。

42. 鸡粪的脱臭处理方法有几种?

鸡粪除臭方法很多，有土埋法、稀释法及化学法等。市场上有很多品牌除臭剂，有些在饲料内添加使用，有些则溶解于水后，撒在畜舍内外或粪便上，对于除臭及防苍蝇产生等有效，但无法完全抑制恶臭产生。

硫酸亚铁和粗糠，按5∶2混合，作为干燥间内脱臭剂，氨的去除率为40%～60%。在制造鸡粪堆肥时，其除臭方式为抽取堆肥制造机之恶臭经四周有1米厚的硫酸亚铁和木屑混合的脱臭槽过滤后，氨含量由2 000毫克/千克降低至20毫克/千克。一般氨和硫化氢的产生，在30毫克/千克左右离开1米远时，即不会感到臭味。

43. 鸡粪的饲料利用处理方法是什么?

鸡粪经日晒后，再以火力高温烘干脱水，即可作为家畜饲料。鸡粪与玉米混合经两周厌氧发酵处理后，寄生虫卵可被杀死，对于病菌和病毒也有抑制作用，可代替部分混合饲料喂猪。其做法是将新鲜的鸡粪与黄玉米粉，按1∶1的比例充分混合后，放入青贮桶内，用塑料布密封，上覆沙土压紧，尽量踏实，挤出内部的空气，以使含鸡粪的饲料在青贮桶内能保持无氧状态。经14天发酵后即可打开，一层一层取用。以鸡粪和黄玉米做成的粪便饲料代替30%的混合饲料，用来饲喂30～90千克的肉猪。

44. 如何利用畜禽粪便养殖蚯蚓？

（1）蚯蚓食料的配制

由于不同的食料所含营养成分以及碳氮比不同，不同的蚯蚓对食料的摄食、消化吸收率也不同，因此，为了养好蚯蚓，对食料进行科学配比（俗称配方）。做到就地取材、废物利用，减少运输及成本，食料尽量多样，营养搭配合理，同时选用食料混匀后要充分发酵，提高熟度和利用率。

食料的配比：①牛粪100%或牛粪50%、纸浆污泥50%；②牛粪、猪粪、鸡粪各20%，稻草屑40%（鸡粪需要先用来养蛆后或放置1年以上才可以用来养蚯蚓，否则蚯蚓会全部逃走或死掉）；③猪粪60%，玉米秸秆或稻草、花生秧、油菜秆单一或混合40%；④猪粪60%、锯末30%、稻草10%；⑤马粪80%、树叶烂草20%；⑥畜粪30%、有机垃圾70%或100%垃圾；⑦粪类60%、甘蔗渣40%。

食料的调制方法：发酵。用稻草、秸秆（切成小段更好，若加入EM活性细菌则不必切段，可以直接把稻草等分解）先铺一层10～15厘米干料，然后在干料上铺4～6厘米粪料。如此重复铺3～5层，每铺一层用喷水壶喷水（EM活性菌就在此时加入粪堆中，一吨粪料需要 EM 活性菌 5 千克，兑水 100 千克左右，水中加入 1 千克红糖更好），直至水渗出。若采用垃圾，则一层垃圾一层粪地堆。堆积长宽不限，用塑料薄膜盖严，在气温较高季节，一般第二天堆内温度即明显上升，4～5 天可升至 60～70℃，以后逐渐下降。当堆温降至 40℃时（这个过程大约 15 天）进行翻堆（把上面翻到下面、两边翻到中间，重新堆制，并再加入 EM 活性菌稀释液），以后每隔 7 天翻一次，一般翻 3～5 次即完成了蚯蚓食料的发酵。

如果全部用粪料，则先把粪料晒到五六成干后架堆、淋水（加入 EM 活性菌更好），用塑料薄膜盖严，过 10～15 天扒开，淋水散热后即可使用。草类一定要挖坑或集堆渗透沤制腐烂才可使用，以避免第二次发热。

调节 pH 和添加营养剂。食料发酵好以后，测试 pH（加入 EM 活性细菌发酵的粪料 pH 会自然降至 6.5～7.5，不必调节）。蚯蚓食料适宜的 pH 为 6～7.5，但很多动植物废物的 pH 往往高于或低于这个数值，因此对蚯蚓食料的 pH 要进行适当的调节，使它接近中性，以适合蚯蚓生长。

当 pH 超过 9 时，可以用醋酸、食醋或柠檬酸作为缓冲剂，添加时为食料重量的 0.01%～1%（重量比），可使 pH 调至 6～7。添加量太少，效果不大，然而超过1%则会使蚯蚓产茧率急剧下降。当食料pH为7～9时，也可用0.01%～0.5%（重量比）的磷酸二氢铵，可使食料pH调至6～7。但不可超过0.5%，否则也会导致蚯蚓茧生产量下降。当食料的pH为6以下时，可添加澄清的生石灰水，使食料的pH调至6～7。

（2）蚯蚓养殖技术要点

蚯蚓养殖的基本过程为：选择场地→建设养殖房→发酵粪料→引进蚯蚓种→提纯复壮→扩大种蚓群→循环生产。基本操作技术程序为：发酵调制粪料→把发酵调制好的粪料装箱→放入种蚯蚓→20天分离种蚯蚓→把粪和卵块堆成堆孵化→幼蚓分条降低密度养殖→加入新粪料→保水保料→幼蚓约40天长大后分离→成蚓→利用→重复循环生产。

蚯蚓养殖场及养殖方式的选择。种蚯蚓的养殖要在室内，生产场可选择在室外，如堆粪场、养殖场周围的树林、高作物农田等。场地规模根据需要确定。例如：4～6个月后每天蚯蚓产量50千克，那么大概需引种20万条。蚯蚓养殖可根据条件选择平地池养，也可采用箱式养殖。箱式养殖便于管理，养殖效果较好。蚯蚓养殖箱一般规格为60厘米×40厘米×30厘米或60厘米×40厘米×25厘米。

引种。引种前要注意三点：①对供种单位或个人首先要有了解，如供种单位的种蚓是否经过提纯复壮、品种是否退化，供种单位是否提供优质的售后服务、包装容器是否经得起长途运输、是否有大型养殖现场等；②引种最好到科研单位或大型养殖场购买，千万不要贪一时便宜，以免得不偿失；③种蚓不能邮寄，可以用火车托运。

投放。种蚓运到家后，要赶快放进已准备好的养殖箱内。如果引来的是成蚓或幼蚓，每只 60 厘米×40 厘米×25 厘米箱内放 2 500～3 000 条。如果是冬春季节，箱的最底层先铺一层 3 厘米的腐烂草，再铺 10 厘米的发酵好的食料，放入种蚓或幼蚓后浇上营养剂（0.5 千克大米加水 4 千克，煮成稀饭，加红砂糖 0.5 千克，冷却后加水 5 千克即成，可浇 30 箱）。如果引进的是蚓茧，先在箱底铺一层 2 厘米软草，再铺 5 厘米食料，放一层蚓茧，再放 5 厘米食料，再放一层蚓茧，如此 3～4 层，浇上少量营养液，上面盖上草，保持料温 27℃，9～15 天即可孵出幼蚓。一只 60 厘米×40 厘米×25 厘米箱内投放卵约 500～1 000 粒。

种蚓的管理。箱内放种蚓后，保持料温 20～27℃，每 5 天浇一次营养液，一般过 3～5 天开始产卵茧，每过 20 天把种蚓与卵茧完全分开，种蚓添加新食料继续让其产卵，并继续添加营养剂。把 15 箱以上的卵茧倒在塑料布上，再分装到新的养殖箱内，孵出后再把食料添在食料表面（也可堆在地上成条状孵化）。

由于每只箱中大约有几万条幼蚓，10 天后应分箱降低密度，孵出第 15 天后，取出部分老食料，添加新食料，一箱要分成三箱，降低养殖密度。以后每 10～15 天添加料一次，在 23℃适温下一般孵出约 40 天即性成熟，准备产卵茧。

开始养殖蚯蚓，首先应扩大种蚯蚓群。100 平方米生产池面积，先要保证 20 平方米种蚓养殖面积，以专门为生产池提供蚓茧或幼蚓。

平地池养殖。当种蚓发展到了一定的规模，就要转入平地池繁殖。每平方米放蚓茧 2～3 万粒，保持食料温度 20～27℃，约 20 天左右孵化出幼蚓，10 天后一个单位面积要分成三个单位面积养殖，加一次新粪料，每 3～5 天浇一次营养液，20 天左右时再添加新饲料一次，直至养到成蚓，约 40 天就可分离收获利用。一般有每平方米月产 10 千克。池养的基料要保持 80%以上的含水量，一旦低于 80%，应马上淋水或营养液水，以淘米水、猪牛生血、酒糟（加少量糖或糖精）或共配浸液更好，换新料当天淋一次。在有酒糟的地方，用 50 千克酒糟加入 200 克尿素、4 克糖精、5 瓶盖菠萝香精，对水 300 千克（加入 0.5 千克 EM 活性细菌更好），调成 pH 4～5，代替水每 3～5 天浇在蚯蚓基料上。此法可大幅度提高产量和节约大量粪料。

（3）蚯蚓的分离及利用

把蚯蚓与基料一同置于太阳或光亮下，蚯蚓会自动往下钻，逐层刮去上层基料，最后最底层只剩下成团的纯蚯蚓。

蚯蚓可以直接生喂经济动物，也可以晒干制成粉作配合饲料，畜禽用量以15%～30%为佳，水产动物用量可达60%～100%。也可以加工成干蚯蚓作药材出售，经济效益更加可观。同时，蚯粪可以在鱼、鸡、鸭、猪等配合饲料中直接加入15%～30%，用EM发酵或加工成颗粒后饲喂，也可以直接投喂田螺、花白鲢鱼、泥鳅、鲤鱼等，节约大量饲料。每15～20千克蚯蚓粪可生产1千克花白鲢鱼（一般农家肥需40千克以上）。一般农家肥投入鱼池后会产生有害气体，水质恶化，缺氧等不良副作用，而蚯蚓粪肥投入鱼池没有发现副作用。

45. 什么是生物发酵床养猪法？

生物发酵床养猪法，又称自然养猪法，俗称环保养猪法、零排放养猪法、垫料养猪法、懒汉养猪法等。该项技术源于日本，由畜禽排泄物的堆肥化处理技术演变而来，经过30多年的发展，已经形成了稳定的技术体系，以其系统稳定、环保、成本低、增强机体抗病能力等技术优势，受到日本政府和养猪界的好评。该技术于2005年引进我国，首先在福建试养成功，随后在全国示范推广，现已推广到25个省份。

相关链接

生物发酵床养猪法技术的优点，一是所用酵素能使猪粪尿在猪圈内充分降解，实现清洁生产，无污水排出；二是改善猪体内的微生态平衡，提高饲料吸收率，增强抗病能力；三是适用于大、中、小型猪场。与传统方法相比，此法投资少、节省劳动和饲养成本。

46. 生物发酵床养猪法的技术原理是什么？

生物发酵床养猪与传统养猪技术的区别是，在原猪舍基础上，建造由垫料填充的发酵床，猪排泄物直接排放在发酵床上，利用生猪的拱掘习性及人工辅助翻耙，使猪粪、尿和垫料充分混合，通过有益微生物的活动抑制有害微生物的生长繁殖，猪粪、尿的有机物质通过生物发酵分解和转化，清除猪粪尿和臭气，实现猪场粪污零排放，并为猪创造舒适的生活环境，促进猪的生长发育，提高生产性能。

（1）有益微生物菌群

经过多年的试验筛选，确认纳豆芽孢杆菌是最适用于发酵床的微生物。纳豆芽孢杆菌是从日本传统食品纳豆中分离出来的芽孢杆菌，其原始菌株与枯草芽孢杆菌相同，是枯草芽孢杆菌的一个亚种，属于好氧菌。纳豆芽孢杆菌能产生具有高活性的蛋白酶——纳豆激酶，其在环境不适宜的条件下产生芽孢能耐酸碱、耐高温（100℃）及耐挤压，在饲料制粒过程及酸性胃环境中，均能保持高度的稳定性，其产生的抗菌物质对猪的病原菌具有更强的抑制作用。生物发酵床养猪技术所使用的酵素主要成分是纳豆芽孢杆菌和酵母菌，纳豆芽孢杆菌具有很强的蛋白酶、脂肪酶、淀粉酶活性，能降解植物性饲料中的蛋白质和碳水化合物。由于猪饲料中淀粉的含量最高，特意在酵素中添加了具有更高淀粉酶活性的酵母菌，增强了猪对淀粉的消化。纳豆芽孢杆菌能使肠道酸化而有利于铁、钙及维生素 D 等的吸收，并分泌多种维生素，改善胃肠机能。

（2）微生物在发酵床中的作用

发酵床是猪体外微生物生长和繁殖的主要场所，发酵床通过好氧有益微生物的活动产生发酵热杀灭病原菌，形成以纳豆芽孢杆菌为主的有益菌群（纳豆芽孢杆菌活菌数达 10^8 个/克垫料），起到争夺养分和占位的作用，并产生抗菌物质抑制病原菌的生长。发酵床的主要成分是稻壳和锯末，营养含量低，猪粪尿成为发酵床微生物代谢的主要营养来源，从而实现了粪尿的零排放。

发酵热对有害微生物的灭活作用。垫料的堆积发酵阶段，垫料中纳豆芽孢杆菌、酵母菌、发酵床原籍嗜热菌等有益好氧菌迅速利用米糠或麸皮产生的大量发酵热，使垫料温度达到 60℃以上，此时纳豆芽孢杆菌以芽孢形式抵抗高温，与耐热或嗜热的有益微生物共存。垫料堆积发酵的时间一般为 10 天左右，发酵热可以杀死大部分病原微生物。

微生物对猪粪尿的分解作用。猪将粪尿直接排泄于发酵床，垫料中以纳豆芽孢杆菌为主的有益微生物将猪粪中的营养物质和有害成分分解为二氧化碳和水等。

垫料中的微生物生态平衡。垫料中存在多种微生物，微生物种群之间形成稳定的生态平衡对于正常菌群的功能发挥有重要作用。通过向垫料中添加纳豆芽孢杆菌和酵母菌，形成垫料中纳豆芽孢杆菌及与其起协同作用原籍菌的优势有益微生物群落。纳豆芽孢杆菌和有机酸，抑制了大肠杆菌、沙门氏杆菌、金黄色葡萄球菌等有害菌的生长繁殖。当猪在垫料上活动时，可在猪皮肤表面黏附一层以纳豆芽孢杆菌为主的稳定的微生物屏障，避免致病菌经皮肤感染猪只。

(3) 影响微生物活动的环境因素

温度。温度是影响微生物生长的一个重要因子，温度过高或过低都不利于微生物的生长。最适于纳豆芽孢杆菌生长的温度为37℃，在发酵床的管理阶段0～20厘米垫料层恰能满足其对温度的要求。但垫料发酵过程需要高温（70℃左右），因此要求纳豆芽孢杆菌对高温具有强的耐受力。

水分。发酵床垫料的含水量是影响微生物生长和繁殖的重要因素，根据经验，垫料的含水量在45%左右最为适宜。如果低于45%，猪粪尿的分解速率会下降，垫料过干会导致发酵床的表面起粉尘，引起猪的呼吸道疾病；若含水量达到50%～60%，会使稻壳和锯末分解过快，缩短发酵床的使用寿命；高于65%则会导致垫料的厌氧发酵，产生有害气体，不利于猪只健康。

氧气。垫料中的微生物主要是好氧微生物，进行好氧发酵，因此要保持垫料一定的通气性。

营养。为了保证发酵床有较长的使用寿命，一般采用低营养的稻壳和锯末为原料，其主要成分是纤维素和木质素，在微生物的作用下降解缓慢。限制发酵床中微生物代谢的主要营养是碳源和氮源，垫料中可以为微生物提供碳源和氮源的主要是猪粪尿和米糠、麸皮等物质。垫料发酵初期，微生物群落主要依靠米糠中的营养维持生长和繁殖，进入正常的养猪管理以后，猪粪尿是微生物活动的主要营养来源，所以在垫料的管理过程中，需要将猪粪及时在发酵床上分散均匀，以保证发酵床功能的正常运作。

酸碱度。pH 会影响微生物细胞对营养物质的吸收、酶的活性及有害物质的毒性。纳豆芽孢杆菌在 pH 6.0～7.6 的范围内，存活率可以达到 86%以上；在 pH 2.1～5.1 的范围内，pH 对菌株的存活率影响较大。纳豆芽孢杆菌生长最适宜的 pH 为 7.0～7.5。为保证垫料中纳豆芽孢杆菌等有益菌生理活动的正常进行，要求垫料原料、水源等物质的 pH 在 7.0 左右。

有害物质。为追求猪生长速度而在饲料中过量添加铜、锌等微量元素，不仅造成浪费，而且造成重金属污染，同时对纳豆芽孢杆菌等有益菌有强的抑制作用，破坏了猪胃肠道和垫料中的微生态平衡。抗生素具有很强的杀菌作用。抗生素的长期使用会造成猪肉品质的严重下降，同时造成有害微生物产生抗药性，不利于纳豆芽孢杆菌等有益微生物的生长繁殖，破坏微生态平衡。

47. 生物发酵床猪舍的设计有什么要求？

发酵床猪舍的设计应尽最大可能利用自然资源，如阳光、空气、气流、风向等，尽可能少地使用如水、电、煤等现代能源或物质；尽可能大地利用生物性、物理性转化，尽可能少地使用化学性转化。一是有利于发挥作用、节约劳力、提高效率；二是有利于节省占地面积，控制猪只适度密度；三是有利于各类猪只生长发育，改善舍内的气候环境；四是控制建筑成本。当前生物发酵床猪舍的基本模式是在舍内设置 80～100 厘米的地下或地上式垫料坑，填充锯末或秸秆等农副产品垫料，利用微生物制剂对垫料进行发酵，形成有益菌繁殖的小环境，抑制和分解有害菌，包括细菌和病毒；猪粪尿直接排放在垫料上，实现粪污零排放。

（1）场址选择

发酵床养猪建筑设计同传统集约化猪场场址无多大差异，比传统猪舍更趋灵活，主要应综合考虑以下几个因素：

地理位置。场址的位置应尽量接近饲料产地，有相对好的运输条件，要远离生猪批发市场、屠宰加工企业、风景名胜地和交通要道等。一般要求距离畜产品加工厂至少 1 公里以上，距离主要公路 300 米以上，距离一般公路 100 米以上，可设置专用猪场通道与交通要道相联结，且距离最近的村庄最好不少于 2 千米。

地势与地形。场址要求地势较高、干燥、平缓、向阳。场址至少高出当地历史洪水水位线以上，地下水位应在2米以下，这样可以避免洪水的威胁和减少因土壤毛细管水位上升而造成地面潮湿。如地势低洼或地面潮湿，病原微生物与寄生虫容易滋生，机具设备易于腐蚀，甚至导致猪群各种疾病的不断发生。如采用地下或半地下式发酵舍更应充分考虑地下水位，否则垫料过湿而影响发酵效果，也减少垫料使用年限。地下水位比较高的地方选择地上式发酵垫料池比较适宜。平原地区宜在地势较高、平坦而有一定坡度的地方建场，以便排水、防止积水和泥泞。地面坡度以1%～3%较为理想。山区宜选择向阳坡地，利于排水，阳光充足。地形宜开阔整齐，不要过于狭长或边角太多，否则会影响建筑物合理布局，使场区的卫生防疫和生产联系不便。

土质。发酵床养猪猪舍对土质的要求是有一定的承载能力，透气透水性强，毛细管作用弱，吸湿性和导热性小，质地均匀。沙土类的土壤颗粒较大，导热性强，热容量小，易增温，也易降温，昼夜温差明显，对猪不利；黏土类粒细、孔隙小，透气透水性差、吸湿性强、毛细管作用显著，土壤易变潮湿，常因阴雨造成泥泞不堪，有碍猪场工作的正常运行；沙壤土兼有沙土和黏土的优点，透气透水性良好，雨季不会泥泞，能保持场区干燥，土地导热性小，热容量较大，土温比较稳定，对猪只的生长发育、卫生防疫、绿化种植都比较适宜。

水、电。发酵床养猪由于不用冲洗圈舍，所以用水主要是猪只的饮用水，同时保证垫料湿度控制、用具洗刷、员工和绿化用水即可。水质要良好，达到人饮水标准。水面狭小的塘湾死水、旱井苦水，由于微生物、寄生虫较多，又有较多杂质，不宜作为猪场水源。猪舍多采用自然光线，猪场用电主要是保证相关设施设备用电和夜晚照明用电即可。

（2）发酵床猪舍的布局

发酵床猪舍根据地形条件、生产流程和管理要求确定。目前主要采用单排式、双排式及多列式布局。

单排式猪场。猪舍按一定的间距依次排列成单列，结构比较简单，一边是净道，一边是污道，互不干扰。

双排式猪场。猪舍按一定的间距依次排列成两列，其特点是：当猪舍栋数较多时，排列成双列可以缩短纵向深度，布置集中，供料路线两列共用，电网、管网等布置路线短，管理方便，能节省投资和运转费用。

多排式猪场。大型猪场可以采用三列式、四列式等多列式布局，但道路组织比较复杂，道路多，主次不易分辨。

（3）发酵床猪舍的设计要点

发酵床猪舍严格按照饲养工艺流程来进行配置，

养猪场至少应该有配种舍（种公猪和空怀母猪）、妊娠舍、分娩舍、仔猪保育舍、生长育肥猪舍。其中配种舍和妊娠舍可以合为一栋，其他最好是单独作一栋，处于最上风的猪舍应为保育舍，这一点与传统的习惯即保育舍夹在分娩舍与生长育肥舍中间的做法不同，因为断奶后到保育结束阶段是猪一生中最容易感染疾病也是最脆弱的阶段，而分娩舍中的母猪，与育肥舍中的大猪及种猪往往是隐性感染和排毒者，或者说是传染源，保育舍不可以夹在它们中间。很多猪场习惯把保育与育肥合在一起，即为生长育肥舍，则生长育肥舍应尽量远离种猪舍（公猪舍、妊娠舍、分娩舍），并处于上风。

注重舍内通风与换气，必要时可以装电动排风扇。

猪舍的走向尽量与夏天最多的风向平行，以使风能从猪舍中纵向通过。在所有栏舍为栅栏结构时，必要时可以在猪舍纵向安装轴流式风机，以增加猪舍内空气对流。

生物发酵床养猪冬天容易保温，夏天则要注意防暑降温，如顶部要用不透光和反光的遮阳布，同时为了防止早晚斜阳照射引起温度过高，在猪舍的东西两面，特别是西面，使用帘布或黑篷布遮阳，也可以种植阔叶树木。还可以安装水帘式降温设施，简单点的可以安装喷雾降温设施。

发酵床养猪猪舍也可以在原建猪舍的基础上稍加改造就行，一般要求猪舍充分采光、通风良好，南北可以敞开。通常每间猪圈净面积至少 20 平方米，饲养肉猪 10～15 头。北侧建自动给食槽，选适当位置建自动饮水器。饮水器的下面要设置一个接水槽，将猪饮水时漏掉的水引出发酵床之外，防止漏水进入发酵床中，这点非常重要。采用原有的猪舍改造，如果采用半地下式，或完全地下式的发酵床，可以就地打破水泥地面，深挖地下 40 厘米左右（南方浅北方深），放置垫料至原来水泥池地面高度上 20～40 厘米即可。不建议完全采用完全地上式加放垫料养殖，原有的水泥地面一定要至少打一些孔（每平方米不少于 10 个直径为 2 厘米的孔），以增加地气对垫料底层微生物的保护，对养猪也有好处。

48. 如何设计与建造猪舍发酵床？

（1）发酵床的形式

发酵床分完全地下式、地上式、半地下式三种。

地下式。发酵床应该下挖 40～80 厘米，铺上垫料后与地面平齐，地面不用打水泥，直接露出泥土即可在上面放垫料。在建筑墙面一侧，要注意砌挡土墙，不能让泥土塌下来，中间的隔墙则直接建设在最低泥地上，隔墙高至少 1.8 米，其中 0.8 米用于挡住垫料层、1 米用于猪栏的间隔墙，条件允许的可以做栅栏隔栏。

地上式。在地面周围砌矮墙。发酵床用土地面即可，不用铺上水泥，既省钱又能通气。圈舍一般应尽量做成开放式或半开放式。北方应注意避免下雨天将圈舍弄湿，南方应注意地下水渗入床内。地基过湿的应采取必要的防渗措施。还要注意大风大雨时防止雨水飘到垫料上。

半地下式。参考上面两种方式的建造方法，只是地下深挖 30～50 厘米，保证垫料层高度在 80 厘米即可。

（2）发酵床垫料的选择与制作

垫料的选择及要求：

发酵床垫料是有益微生物活动和猪粪尿分解的载体。目前，制作发酵床的原料主要是稻壳和锯末，二者主要成分为纤维素、木质素。锯末具有较强的保水性能，稻壳是良好的通气材料，将二者按一定比例配制混匀，易于调节有益好氧微生物正常生理活动所需要的水分和氧气。为促进发酵前期菌剂中微生物的快速生长繁殖，通过添加米糠、麦麸等易分解营养物质来实现。常用垫料原料包括锯末＋稻壳、锯末＋玉米秸秆、锯末＋花生壳、锯末＋玉米芯等。

对于发酵床的厚度，由猪的废物排泄量、养殖密度、各地区气候等因素决定，不同类别的猪群对发酵床的厚度要求存在差异，通常厚度不得小于60厘米。通常情况下，干燥疏松的稻壳和锯末制成的垫料经生物发酵后，体积会下沉10厘米左右，当发酵好的垫料经猪只踩踏后，其体积又会下沉10厘米左右，因此，在计算实际垫料的用量时，多预算20%的体积数量。各类别猪的所需要发酵床体积、面积见下表：

不同猪群对生物发酵床（垫料）的体积和面积要求

猪舍类别	垫料厚度（cm）	垫料体积（m^3/头）	垫料面积（m^2/头）
妊娠母猪舍	90～120	>1.3	0.9～1.4
哺乳母猪舍	80～90	>1.5	1.7～1.9
种公猪舍	55～60	1.5～1.6	2.5～2.9
保育猪舍	55～60	0.2～0.3	0.3～0.5
生长猪舍	80～90	0.7～0.9	0.78～1.0
育肥猪舍	80～90	1.0～1.2	1.1～1.5
后备猪舍	80～90	1.0～1.2	1.1～1.5

发酵床的制作工艺流程：

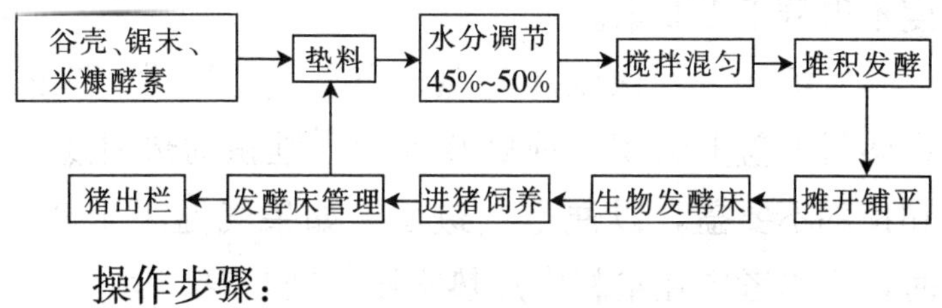

操作步骤：

干原料的铺垫摊开。第一层铺稻壳，按设定好的稻壳高度铺平；第二层按设定高度铺好锯末。同时，制作“酵素米糠”，将按比例计算好的米糠摊平，将酵素铺在上面，混合均匀，然后将“酵素米糠”混合物均匀地铺散在锯末上面。

第一次垫料混合。将铺设好的垫料边加水边混合。如果锯末的水分较高，则第一次加水量要少些，加水混合后的垫料以不起粉尘为宜，要使稻壳、锯末、水分达到基本均匀，如果有结块的稻壳或锯末应打散。

第二次垫料混合。将第一次混合好的垫料进行喷洒水，一边洒水一边混合，以便控制水分适度。垫料中的水分在45%左右（即手紧握垫料松开后能散开，手掌上有明显的水迹）为好，本次混合的均匀度和水分含量多少是关系垫料能否发酵成功的关键。

第一次垫料堆积发酵。将第二次混合好的垫料进行梯形堆积。根据垫料数量的大小，尽可能集中堆积。应尽量减少外表面积和触地面积，堆积的高度不得低于1.5米。

发酵垫料的保湿和升温。当空气干燥时，考虑在垫料上盖上编织袋或麻袋保湿。堆积的垫料底部和顶部不要盖，以便空气进出。如果气温小于0℃时，应当考虑在垫料中加热水瓶帮助升温。

检测和记录。通常情况下，垫料堆积 24 小时后，35 厘米以下的垫料温度升至 40℃，72 小时应当升至 65℃以上。当水分过多、米糠质量较差或数量不够和环境温度过低时升温时间会稍有延长。温度的检测点：横向间隔 1.5 米测一个点，纵向上、中、下三点测定。每个点的温度基本一致，且在 65℃以上持续 48 小时以上时，说明本次发酵成功。每次测定温度应当分点做好记录。

第二次发酵。当第一次发酵成功后，将垫料表面和触地 25 厘米左右未发酵的部分移至垫料中心部位进行第二发酵，发酵方法同第一次发酵。当料温持续 65℃以上 48 小时后，垫料的发酵完成。温度下降至 50℃以下，该垫料便可使用。

正常情况下，垫料的整个发酵过程为 10～14 天。

49. 怎样进行猪舍发酵床的管理?

猪饲养过程中发酵床的正常运作直接影响到猪群的健康生长及排泄物的分解，垫料的日常管理和维护对于健康养猪和零排放具有重要意义。发酵床的管理与传统养殖方式对粪尿的处理相比更为节省，更为方便。

（1）垫料的翻动

垫料所用的菌种为好氧菌，其正常的生理活动需要氧气的参与，所以，应保持垫料的透气性。每周翻动1～2次，厚度为30厘米左右；每月深翻一次，尽可能的翻到底部。把板结的垫料打散铺开，将猪排泄集中区的过多排泄物移到少的地方，保持排泄物分散的均匀度。

（2）定期发酵

猪每出栏一批或连续使用三个月后，都要重新对垫料进行堆积发酵。堆积发酵时，根据垫料体积的减少情况，适量加入稻壳或锯末。

（3）水分管理

垫料表面应保持一定湿度，若垫料表面太干，会有粉尘出现，易导致猪发生呼吸道疾病，用叉子将粪尿区较湿的垫料分散开。若还无法调节到合理的湿度，可用表面喷水的方法作适当调整。

50. 猪舍发酵床的夏冬管理有什么要求？

（1）夏季管理

猪群安全度夏是猪群管理中的关键问题之一，也是养猪业中难解决的问题。生物发酵床猪舍，可通过一系列的配套措施来解决猪群的盛夏降温和除湿问题。

①加强通风，降低表面温度和湿度。对于新猪场，猪舍高度一般要求4.0～4.2米，屋顶加隔热保温材料，安装排风扇、水帘、滴水设备等，这些都

是保证猪群安全度夏的必要措施。合理的猪舍高度，使舍内外的自然通风面积加大，加之屋顶的隔热材料，可很好降低舍内温度，保证空气新鲜；若自然通风不足时，应开启排风扇，提高舍内空气流动，要求舍内最高风速不超过1.8米/秒，避免风速过高造成猪生病（热伤风），保持风速1.2～1.5米/秒为宜。对于改造的猪舍，屋顶应有喷水设备，气温升至38℃以上可喷水降低屋顶温度。通风采用轴向负压式效果最好。

盛夏通过表面喷水，保持垫料表层20厘米含水量为60%，20厘米以下仍为45%。在非排粪区每50～100平方米垫料安装一个滴水龙头。当最低气温高于25℃时要滴水，保证滴水1～3小时/天，抑制垫料发酵；最高气温低于30℃时不滴水。

②降低饲养密度，保证供水充足。适宜的饲养密度可保证每只猪有充足的活动空间，避免猪呼吸产生大量热量和热性气体，一般密度以1.5平方米/头为宜。同时保证充足供水，饮水温度控制在20℃左右。

③降低垫料高度，停止垫料翻动。夏季降低垫料高度20厘米（方法：一般春季不添加垫料，至夏季自然降低20厘米），新猪舍垫料厚度为60厘米。当最低气温高于25℃时，停止翻动垫料，减少发酵热的产生；当最高气温低于30℃时，可翻动垫料。

（2）冬季管理

冬季猪舍保温与排湿是北方养猪的关键问题，传统猪舍需要安装保温设备提高舍内温度，采用生物发酵床的猪舍不用安装增温设备（特别寒冷的地区除外）。发酵床产生的发酵热可以满足猪对环境温度的需求，发酵床表面温度比水泥地面高7～9℃，若天气太冷猪会钻入垫料中取暖。为了保持发酵床微生物好氧发酵正常，每3～4天翻动垫料（表面30厘米）一次。保育舍和分娩舍采用红外线或电热板取暖即可。

采用生物发酵床养猪，冬季应考虑排湿问题，首先应当保持垫料不可过湿，保持其含水量为45%左右；集中排湿时间尽量选择在中午，保持空气流速在0.3～0.4米/秒。

51. 对猪日粮有什么特殊要求？

（1）添加益生菌素

根据猪群生长发育阶段，选择相应的产品。一般添加量为：生长猪（35～65千克）0.15%，育肥猪（65～110千克）0.2%，种公猪、妊娠母猪、哺乳母猪0.2%，后备种猪（35～65千克）0.15%，仔猪诱食至10千克体重阶段0.15%，10～20千克体重阶段0.12%，20～35千克体重阶段0.1%。否则，当猪健康状况下降时，垫料中会出现氨味、臭味，粪便分解不彻底，垫料发霉变质等情形。

（2）禁止添加抗生素

由于抗生素既能杀灭病原微生物，也能杀灭有益微生物，因此，在日粮中禁止添加能杀灭纳豆芽孢杆菌、酵母菌、乳酸菌、双歧杆菌等益生菌的抗生素。猪只进入生物发酵床前，应停止使用抗生素一周，以免将抗生素带入生物发酵床垫料中。

（3）避免微量元素超量

纳豆芽孢杆菌产生有机酸有利于饲料中的Ca、P、Fe、Cu、Zn、Mn等矿物元素的吸收。在设计日粮时，须认真考虑猪的需要量，无需过高加大剂量。高剂量的铜和锌不仅影响猪的采食量，而且对益生菌和酶产生不利影响。在益生菌的促进作用下，饲料中原有的微量元素完全可以满足猪的需求，无需额外添加。

（4）可以不添加氨基酸

使用益生菌素后，促进了双歧杆菌的繁殖，可产生苏氨酸、缬氨酸、丙氨酸等氨基酸和B族维生素，增加日粮中相应氨基酸和维生素的总量，有利于日粮营养的平衡。因

此，在设计日粮时，无需考虑这部分营养。

52. 什么是生态渔业？

生态渔业是指根据水生生物与其他生物间的共生互补原理，运用生态学原理和系统科学方法，利用自然界物质循环系统，通过采取相应的技术和管理措施，建立起来的具有生态合理性、经济高效性、功能良性循环的一种现代渔业体系。也就是说，是以整体优化、生物多样性、系统方法等生态学原理为基础，强调生态系统的良性循环、系统功能的稳定性与持续性，按生态规律开发，注重渔业生产与生态环境相协调、质量安全与现代技术相统一的渔业生产方式。生态渔业一般包括生态养殖、休闲渔业、增殖渔业等。

53. 什么是休闲渔业？

所谓休闲渔业，是利用海洋和渔业资源、陆上渔村村舍、渔业公共设施、渔业生产器具、渔产品，结合当地的生产环境和人文环境而规划设计相关活动和休闲空间，提供给民

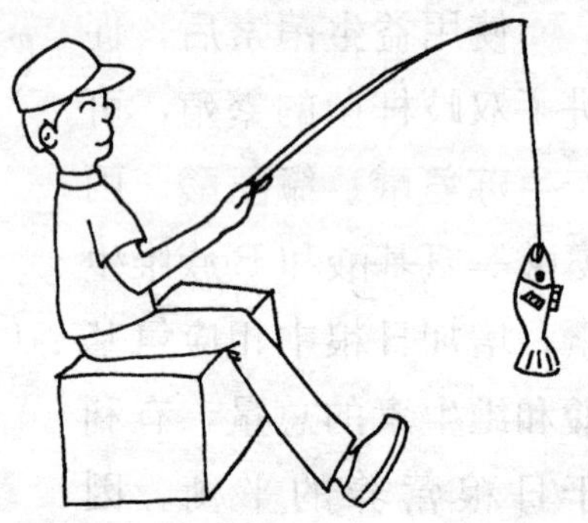

众体验渔业活动并达到休闲、娱乐功能的一种产业。

54. 什么是增殖渔业?

增殖渔业主要是指海上人工鱼礁海洋牧场建设，为海洋渔业资源恢复、修复、资源保护而进行的一种人为的耕海牧渔行动。

55. 生态渔业主要有几种模式?

(1) 池塘环境友好型养殖模式。重点是减少药物使用，降低对水体的氮、磷排放，通过水处理技术实现养殖水体的重复使用。

(2) 湖泊水库洁水型渔业开发模式，又称“洁水型渔业”。选择以鲢鳙鱼等滤食性鱼类进行人工放养，消耗水中的富营养化物质，从而达到以鱼洁水、以鱼养水生物净化水质的目的。

(3) 文化传承和创新型生态养殖模式。传承和创新具有悠久历史的稻鱼（虾、蟹）共生和山溪以草养鱼等生态循环养殖模式，实现“稳粮丰鱼增收”的目的。

(4) 大水面鱼、虾、贝、藻立体增（养）殖模式。在大水面和浅海海域，实施规模化立体型增（养）殖，改善水体环境，修复渔业资源，减轻水域环境压力。

(5) 工程化渔业养殖模式。包括集约化养殖和工厂化养殖。具有高密度、集约化、高效益、少污染等特点，能有效控制养殖自身污染，减轻对环境与资源的破坏，大幅度提高养殖单产和经济效益。

（6）休闲生态渔业模式。利用渔村设备和空间、渔具渔法、渔业产品、渔业生产活动及渔村人文资源等，经规划设计，充分发挥渔业与渔村休闲旅游功能，使渔业一、三产业协调发展。

56. 绿色植保内涵是什么？

绿色植保就是把植保措施作为人与自然和谐系统的重要组成部分，突出其对高产、优质、高效、生态、安全农业的保障和支撑作用。是指植保工作的技术层面，立足农业的可持续发展，突出最大限度减少农药使用、控制农药污染、维护农业生态环境和农产品质量的安全、最大限度地保护天敌生物、科学用药控制植物药害和人畜中毒事件发生等几个方面。这一定义的核心是强调植保措施要与自然界和谐友好，许多专家把绿色植保又称为有害生物绿色防控。

57. 绿色防控的基本策略是什么？

（1）允许一定数量的有害生物存在

把有害生物的数量和发生程度控制在较低水平，即经济受害允许水平以下，为天敌提供相互信赖的生存条件，减少农药用量，维护生态平衡。

（2）注重生态效益

有害生物是农田生态系统中的一个组成部分，因而防治有害生物要依据人、作物、有害生物三者之间的相互作用、相互制约，创造有利于作物生长发育，抑制有害生物生长发育，有利于发挥天敌控制作用的生态条件，而对人类长期生存的环境基本无影响。

（3）发挥自然控制作用

在害虫控制中，天敌是一个非常重要的因素。要发挥天敌作用，最大限度地利用自然调控因素，尽量少用化学农药。

（4）强调各种防治措施间的相互协调和综合

影响有害生物的发生是多方面的，使用单一措施不可能长期有效地控制危害。要根据病情虫情及环境条件，从整体出发，有选择地运用和系统地安排农业、生物、物理、化学等综合防治措施，要改变以往单用杀死害虫百分率来评价防治效果的做法，强调各项防治措施的协调和综合，用生态学、经济学、环境保护学观点来全面评价。

（5）要树立可持续发展理念

可持续发展战略最基本的理念是，既要考虑当前发展的需要，又要考虑未来发展的需要，不要以牺牲后代人的利益为代价来满足当代人的利益，同

时还应追求代内公正，即一部分人的发展不应损害另一部分人的利益

58. 绿色防控主要有哪些技术措施？

（1）植物检疫

为了防止危险性病虫杂草随植物及其产品传播蔓延，根据国家颁布的法令和条例，对植物及其产品在运输过程中进行检疫检验，发现带有被确定为检疫对象的有害生物时，即采取禁止、限制运输及出入境等防范措施，即称为植物检疫。在我国，植物检疫分为内检（国内检疫）和外检（国外检疫）。内检是防止国内原有的或新近从国外传入的危险性病虫杂草扩展蔓延，封锁在一定范围内，并尽可能加以消灭；外检是防止危险性病虫杂草传入国内或带出国外。

（2）农业防治

农业防治是利用一系列栽培管理技术（包括选用抗虫品种），根据农田环境与病虫间的关系，有目的地改变某些因子，控制病虫的发生和为害，以达到保护作物、防治病虫的目的。

选用抗病虫良种，淘汰劣质抗性差的品种，发挥作物自身对有害生物的调控。合理的栽培制度，包括合理轮作、正确的间套作、合理的作物布局等。通过这些措施，可以造成病虫的年生活史或侵染循

环中某一段时间的食料或寄主缺乏，从而显著减少害虫的发生量，降低病虫害的发生程度。加强管理，通过适当的田间管理措施，改变农田环境，改善作物的营养条件，提高对病虫的抵抗力和耐害性，形成不利于病虫发生的环境条件。主要方法有：①调整播期，可以使作物易受损害期与病虫的发生期错开，从而减轻甚至避免危害；②合理密植，适当降低作物群体密度，增强田间通风透光，降低湿度，使作物群体健壮、整齐，提高对病虫的抵抗力，也可直接抑制某些病虫的发生；③科学管理肥水，不偏施氮肥，控制田间湿度，防止作物生长过嫩过绿、后期贪青迟熟，减轻多种病虫的发生。此外，翻耕、中耕除草、培土、清洁田园、定苗、间苗、整枝打杈等，只要运用得当，都可以起到破坏病虫的生活环境或直接杀灭病虫的作用。

（3）生物防治

指利用有益生物或生物的代谢产物防治病、虫、杂草的发生和危害的方法。生物防治的内涵非常广泛，但一般来讲，指应用天敌来控制有害生物种群。

优点：①自然资源丰富，有许多有益生物可以挖掘和利用；②便于就地取材、就地利用，降低生产成本；③不少天敌和防治病虫的益菌有持久地抵制病虫的作用；④一般不污染环境，对人、畜、植物都安全，不会使害虫产生抗性，同时能保护自然界中原有的天敌。

局限性：①一般作用缓慢；②绝对防效一般不高；③作物发病时，多数有益微生物对其没有治疗作用；④天敌选择性或专化性强，作用范围窄；⑤效果受环境影响大，不稳定；⑥繁殖或生产及使用有益生物的技术性强，要求高。

当前，在生物防治上应着重做好：一是保护利用天敌，协调防治技术、放宽防治指标、科学用药；二是生物制剂的应用，如利用微生物防治病害（井冈霉素）、微生物治虫（BT乳剂）等；三是生物技术应用。

利用天敌昆虫防治害虫：利用捕食性和寄生性昆虫，如瓢虫防治蚜虫、红蜘蛛，草蛉防蚜虫、白粉虱、蓟马，丽蚜小蜂防白粉虱、小菜蛾，赤眼蜂防玉米螟，金小蜂防棉铃虫等。

利用微生物防治害虫（“以菌治虫”）：我国应用较多的有细菌（如苏云杆菌）、真菌（如白僵菌、蚜霉菌、病毒）、微孢子虫、线虫等，其中有些能被人工培养，制成各种制剂，称为微生物杀虫剂。

利用微生物及其代谢产物防治病害：如最常用的是井冈霉素防治水稻纹枯病。

利用其他有益生物和昆虫生理活性物质防治害虫：主要是有益动物，如蜘蛛、食虫螨、两栖类、爬行类、鸟类、鱼类等。利用昆虫生理活性物质防治害虫是生物防治的新发展。昆虫生理活性物质主要是信息素和激素，信息素如性信息素、利己素等。昆虫激素如脑激素、脱皮激素和保幼激素。现在用得最多的是性信息素，可以应用在害虫预测预报，也可以直接诱杀和扰乱害虫交配信号，达到防治目的。

利用天敌生物防除杂草：杂草生物防除包括以菌除草、以虫除草以及其他动物除草。

（4）物理机械防治

人工捕杀法：根据害虫栖息场所和活动习性，利用人工或器械进行捕杀，如人工捉虫、挖蛹，拔除田间病株，摘除病虫病果等。

诱杀法：利用害虫的趋性诱集并杀灭害虫。常用的方法有灯光诱杀、色板诱杀、食饵诱杀、性引诱剂与性外激素诱杀等。

汰除法：利用被害种苗和健壮种苗的形态大小、比重等方面的差异汰除有病虫的种子、苗木，包括手选、筛选、风选、水选等。

热力和冷冻处理：利用自然的不利温度或人为调节温度，使之不利于有害生物的生长、发育和繁殖，直至导致死亡，达到防治的目的。如种子处理法中有日光晒种、热水浸种和冷浸日晒，可杀死多种种传病菌和害虫；在温室和大棚中，换茬时可利用温室效应所产生的高温杀死土传病菌，在作物生长期，高温闷棚可抑制一些不耐高温的病害，如黄瓜霜霉病。

隔离法：即设置各种障碍，防止病虫危害或阻止其活动、蔓延。如用防虫网防止害虫危害蔬菜、果实套袋防止病虫侵害水果、树干上涂石灰阻止蛀干害虫产卵等。

除了上述之外，还有原子能、超声波、紫外线和红外线等生物物理学防治病虫害等。

（5）化学防治

化学防治是利用化学农药直接杀死或控制害虫、杂草的方法。利用化学药剂来防治农作物病虫和杂草，是当前国内外广泛应用的方法。它突出的优点是作用快、效果好、方法简便、成本低，而且可以进行工业化批量生产，受地域性或季节性限制很少，所以在今后相当长的时间内，化学防治在综合防治中仍然占有重要的位置。化学防治的缺点是：在杀死害虫的同时，易杀死对有害生物有自然调控作用的有益生物导致有害生物再猖獗；如果使用不当，容易引起人畜中毒，农作物药害，并有残留问题；长期使用某种农药，病虫还易产生抗药性。

进行化学防治要充分发挥农药在农业生产中的保护作用，又要尽量减少和防止出现的副作用，确保农产品的质量安全，提高市场竞争力和经济效益。

现代农药正向着高效、安全、经济、环境友好型的新品种、新剂型、新制剂方向发展，符合环保、健康、持续发展理念的高效、低毒、低残留、与环境相容的农药开发已成为当今农药研究的主题，这些农药将在可持续农业发展的有害生物治理中发挥重要作用。

59. 农药是如何分类的？

（1）按用途不同，分杀虫剂、杀螨剂、杀鼠剂、杀软体动物剂、杀菌剂、杀线虫剂、除草剂、植物生长调节剂等

杀虫剂。是用来防治各种害虫的药剂，有的还可兼有杀螨作用，如敌敌畏、乐果、辛硫磷、杀灭菊酯等农药。它们主要通过胃毒、触杀、熏蒸和内吸四种方式起到杀死害虫。

杀螨剂。是专门防治螨类（即红蜘蛛）的药剂，如三氯杀螨醇和克螨特、扫螨净，螨死净、尼索朗等农药。杀螨剂有一定的选择性，对不同发育阶段的螨防治效果不一样，有的对卵和幼虫或幼螨的触杀作用较好，但对成螨的效果较差。

杀菌剂。是用来防治植物病害的药剂，如波尔多液、代森锌、多菌灵、粉锈宁、克瘟灵、甲基托布津等农药。主要起抑制病菌生长、保护农作物不受侵害和渗进作物体内消灭入侵病菌的作用。大多

数杀菌剂主要是起保护作用，预防病害的发生和传播。

除草剂。是专门用来防除农田杂草的药剂，如乙草胺、阿特拉津、2,4-D丁酯、草甘膦、百草枯、除草醚、杀草丹、氟乐灵、绿麦隆等农药。根据它们杀草作用可分为触杀性除草剂和内吸性除草剂，前者只能用于防治由种子发芽的一年生杂草，后者可以杀死多年生杂草。有些除草剂在使用浓度过量时，草、苗都能杀死或会对作物造成药害。

植物生长调节剂。是专门用来调节植物生长、发育的药剂，如赤霉素（九二〇）、矮壮素、乙烯利等农药。这类农药具有与植物激素相类似的效应，可以促进或抑制植物的生长、发育，以满足生长的需要。

杀线虫剂。适用于防治蔬菜、草莓、烟草、果树、林木上的各种线虫。杀线虫剂由原来的有兼治作用的杀虫、杀菌剂发展成为一类药剂。目前的杀线虫剂几乎全部是土壤处理剂，多数兼有杀菌、杀土壤害虫的作用，有的还有除草作用。

杀鼠剂。杀鼠剂按作用方式分为胃毒剂和熏蒸剂。按来源分为无机杀鼠剂、有机杀鼠剂和天然植物杀鼠剂。按作用特点分为急性杀鼠剂（单剂量杀鼠剂）和慢性抗凝血剂（多剂量抗凝血剂）。

(2) 按来源不同，分为矿物源农药（无机化合

物)、生物源农药(天然有机物、抗生素、微生物)及化学合成农药三大类

矿物源农药。是起源于天然矿物原料的无机化合物和石油的农药,包括砷化物、硫化物铜化物、磷化物和氟化物,以及石油乳剂等。目前使用较多的品种有硫悬浮剂、波尔多液等。

生物源农药。是指利用生物资源开发的农药,包括动物源农药(如杀虫双、烯虫酯、昆虫性引诱剂、赤眼蜂等)、植物源农药(如除虫菊素、印楝素、丁香油、乙烯利等)、微生物源农药(井冈霉素、白僵菌、苏云金杆菌等)。

化学合成农药。是由人工研制合成,并由化学工业生产的一类农药,其品种繁多(常用的约300种),应用范围广,药效高。

60. 什么是农药的毒性?是如何分级的?

农药的毒性是指药剂对人体、家畜、家禽、水生动物和其他有益动物的危害程度。

农药对人、畜的毒性可分为急性毒性和慢性毒性。所谓急性毒性,是指一次口服、皮肤接触或通

过呼吸道吸入等途径，接受了一定剂量的农药，在短时间内能引起急性病理反应，如有机磷剧毒农药1605、甲胺磷等均可引起急性中毒。慢性毒性是指低于急性中毒剂量的农药，被长时间连续使用，接触或吸入而进入人畜体内，引起慢性病理反应，如化学性质稳定的有机氯高残留农药六六六、滴滴涕等。

根据农药致死中量（LD50）的多少可将农药的毒性分为以下5级：①剧毒农药。致死中量为1～50毫克/千克体重，如久效磷、磷胺、甲胺磷、苏化203、三九一一等。②高毒农药。致死中量为51～100毫克/千克体重，如呋喃丹、氟乙酰胺、氰化物、四〇一、磷化锌、磷化铝、砒霜等。③中毒农药。致死中量为101～500毫克/千克体重，如乐果、叶蝉散、速灭威、敌克松、四〇二、菊酯类农药等。④低毒农药。致死中量为501～5 000毫克/千克体重，如敌百虫、杀虫双、马拉硫磷、辛硫磷、乙酰甲胺磷、二甲四氯、丁草胺、草甘膦、托布津、氟乐灵、苯达松、阿特拉津等。⑤微毒农药。致死中量为大于5 000毫克/千克体重，如多菌灵、百菌清、乙膦铝、代森锌、灭菌丹、西玛津等。

61. 国家禁用和限用农药有哪些？

（1）全面禁止使用的23种农药

甲胺磷、对硫磷（一六〇五）、甲基对硫磷、久效磷、磷胺、六六六、滴滴涕、毒杀芬、二溴氯丙烷、杀虫脒、二溴乙烷、除草醚、犹氏剂、艾氏剂、汞制剂、砷类、铅类、敌枯双、氟乙酰胺、甘氟、毒鼠强、氟乙酸钠、毒鼠硅。

（2）蔬菜果树上限制使用的19种农药

禁止氧乐果在甘蓝上使用，禁止三氯杀螨醇和氰戊菊酯在茶树上使用，禁止丁酰肼（比久）在花生上使用，禁止特丁硫磷在甘蔗上使用，禁止甲拌磷、甲基异柳磷、特丁硫磷、甲基硫环磷、治螟磷、内吸磷、克百威、涕灭威、灭线磷、硫环磷、蝇毒磷、地虫硫磷、氯唑磷、苯线磷在蔬菜、果树、茶叶、中草药材上使用。按照《农药管理条例》规定，任何农药产品都不得超出农药登记批准的使用范围使用。

62. 如何科学选购农药?

（1）看名称

从2008年7月1日起生产的农药，不再用商品名称，如打大虫、极佳品、菌除绝、草灭尽等，只用农药通用名称或简化通用名称，如吡虫啉、三环唑、草甘膦、氯氰·毒死蜱。购买前要特别注意看标签上农药名称下面标注的有效成分名称、含量及剂型是否清晰。通过对比农药有效成分名称、含量和剂型来区分不同的产品。不购买未标注有效成分名称及含量的农药。

（2）看“三证”号

“三证”指农药登记证号、产品标准号、生产批准证号。国产农药三证必须具备，而原装进口农药直接销售的只有农药登记证一个证号。农药登记证分为正式登记证和临时登记证。对用于大田的农药，临时登记证号为LS××××××，正式登记证号为PD××××××，如LS20071573、PD20080005。对于卫生用农药，临时登记证号为WL××××××，正式登记证号为WP××××××，如WP20060315、WP20070316。购买农药时如对农药有疑问可向经销商索取农药登记证复印件与准备购买的农药核对，凡是核对不一致的，农民朋友不要购买。

（3）看使用范围

一是要根据需要防治的农作物病、虫、草等，选择与标签上标注的适用作物和防治对象一致的农药。不购买与需要使用的作物或防治对象不符的农药。二是核实所标注农药的施用方法是否适合自己使用。三是当有几种产品可供选用时，要优先选择用量少、毒性低、残留小、安全性好的产品。在蔬菜、水果、茶叶和中草药材上用药禁止选择高毒、剧毒农药。

(4) 看净含量、生产日期及有效期

农药标签上应当标注生产日期及批号。生产日期应当按照年、月、日的顺序标注，年份用四位数字表示，月、日分别用两位数表示。不购买末标注生产日期的农药。

农药标签上应当标注有效期。只有在有效期内的农药效果才有保证。有效期有三种表示方法，分别是以产品质量保证期限、有效日期或失效日期表示。根据生产日期和有效期，判定产品是否还在质量保证有效状态。不购买没有生产日期或已过期的农药。农药标签上应当标明产品的重量（净含量）。净含量应当使用国家法定计量单位表示。固体农药一般以质量单位克（g）或千克（kg）表示。液体农药有的以质量单位克（g）或千克（kg）表示，有的以体积单位毫升（ml）或升（L）表示。特殊产品根据其特性以适当方式表示。不购买净含量末标注或标注不明确的农药，要区别不同产品的净含量。

(5) 看产品外观及标签

一是观察产品的外观。粉状产品应当为疏松粉末，无团块；颗粒产品应当粗细均匀，不应当含有较多的粉末；乳油或水剂等流动状态的产品应当为均匀的液体，无沉淀或悬浮物；悬浮剂或悬乳剂等半流动状态的液体应当为可流动的悬浮液，无结块，长期存放可能存在少量分层现象，但经摇晃后应当能恢复原状。二是观察产品的包装和标签外观。合格产品除了质量合格外，产品的标签或说明书也应印制清晰。三是观察标签的内容是否齐全。标签和说明书应包括农药名称、有效成分及含量、剂型、农药登记证号或农药临时登记证号、农药生产许可证号或者农药生产批准文件号、产品标准号、企业名称及联系方式、生产日期、产品批号、有效期、重量、产品性能、用途、使用技术和使用方法、毒性及标识、注意事项、中毒急救措施、贮存和运输方法、农药类别、象形图等内容（进口农药产品直接销售的，可以不标注农药生产许可证号或者农药生产批准文件号、产品标准号）。

（6）看价格

农药价格与有效成分及其含量、产品质量和包装规格等有关，要将前面所述的因素综合分析。选择长期使用效果好、诚信度高的企业所生产的农药；避免片面追求和购买价格便宜的农药；不要购买价格与同类产品存在很大差异的农药，价格明显低于同类产品和以往价格的，假冒的可能性较大。

63. 如何安全合理使用农药？

（1）选择品种

针对不同的防治对象选用合适的农药品种。如：

咬食叶片的害虫可选用胃毒作用强的药剂，菜青虫就要选用敌敌畏等具有胃毒作用的药剂；吮吸植物汁液的害虫宜选用内吸性药剂，蚜虫、飞虱、叶蝉要选用吡虫啉等内吸性药剂。

（2）配制农药

一是计算用药量。农药标签上推荐的用药量一般是每亩用多少克或多少毫升农药，应根据施药面积和标签上推荐的使用剂量计算用药量。二是配的制农药应采用“二次法”稀释农药。①水稀释的农药。先用少量水将农药制剂稀释成“母液”，然后再将“母液”稀释至所需的浓度。②伴土、沙等撒施的农药。应先用少量稀释载体（细土、细沙、固体肥料等）将农药制剂均匀稀释成“母粉”，然后再稀释至所需要的用量。三是注意配药安全。配制农药应在远离住宅区、牲畜栏和水源的地方进行，药剂要随配随用。已配好的药液应尽可能采取密封施药的办法，当天配好的药液当天用完。开装后余下的农药应封闭在原包装中安全贮存，不得转移到其他包装中，如饮料瓶或食品的包装。不能用瓶盖量取农药或用装饮用水的桶配药，不应用盛药液的桶直接下沟河取水，不能用手或胳臂伸入药液、粉剂或颗粒剂中搅拌。处理粉剂和可湿性粉剂时要防止粉尘飞扬。如果要倒完整袋装的可湿性粉剂，应将口袋开口尽量接近水面，站在上风处，让粉尘和飞扬物随风吹走。

(3) 农药安全使用技术

农作物病虫害防治应遵循“预防为主，综合防治”的方针，尽可能减少化学农药的使用次数和用量，以减轻对环境、农产品质量安全的影响。

把握好用药时期。适时用药是合理用药的关键。可根据害虫特点、气温条件等选择最佳时机用药。绝大多数病虫害在发病初期，症状很轻，如棉花枯萎病，病害初期用杀菌剂灌根效果好，大面积暴发后，即使多次用药，损失也很难挽回。棉铃虫在3龄以前容易防治。因此，多数杀菌、杀虫剂并非效果不好，而是错过了最佳使用时间。因此要根据害虫各生育期的不同特点适时用药。蔬菜害虫随着虫龄的增长，其抗药性也一次次增强。杀虫剂农药的最佳用药期应在幼虫期3龄前；对于钻蛀性害虫，如棉铃虫、食心虫、斑潜蝇、葱蓟马等害虫，用药适期应在孵化高峰期；成虫期可采用性诱剂诱杀，效果明显。根据不同气候选择最佳用药时期。许多农药的防效与温度高低有密切关系，如敌百虫、乐果、辛硫磷等，其防治效果在一定的温度范围内随着温度的增高而提高，此类农药在温度较高时用药。拟除虫菊酯类杀虫剂如功夫、溴氰菊酯、联苯菊酯、氟氯氰菊酯等，在温度较低时防效较好，所以，此类农药应在早晨和傍晚用药。具有内吸输导功能的杀虫剂、杀菌剂、除草剂和生长调节剂，在田间光照较弱、温度较低、空气相对湿度开始升高时，药剂挥发少，大部分可被植物吸收，防效较好，所以，此类药剂应在下午或傍晚使用。微生物杀虫剂对光照、湿度敏感，应选择雾天或露水较多时用药较好。根据蔬菜病害不同的侵染危害特点选择杀菌剂最佳用药时期。应在病害危害最重、产量损失较重之前进行用药防治。在施用保护性杀菌剂时，应在病菌侵染作物之前打药。根据用药后栽培管理的效果选择最佳时间。在冬季温室生产中用药时，为了保持温室的温度和降低空气湿度，应在晴天上午或中午进行用药，便于放风、排湿。露地栽培，避免在降雨前用药，防止雨水冲淡药液。

把握好用药量、用水量。一些农民朋友在使用农药时，为减少工作量，往往多加药少用水。其实，在农药有效浓度内，效果好坏取决于药液的覆盖度，如喷施土壤封闭除草剂地乐胺时，土壤墒情差，必须加大对水量，以便形成封闭膜，否则药液只呈点状分布，达不到封闭除草的效果。在喷施杀虫、杀菌剂时，充足的用水量十分必要，因为虫卵、病菌多集中于叶背面、邻近根系的土壤中，如果施药时用水量少，就很难做到整株喷透，死角中的残卵、残菌很容易再次暴发。一味加大农药使用浓度会强化病菌、害虫的耐药性，超过安全浓度还会发生药害。因此，单纯提高药液浓度，往往适得其反。

要选择性能良好的施药器械。应选择正规厂家生产的药械，定期更换磨损的喷头。喷洒除草剂的药械宜专用。

要注意再好的农药品种也不能长期连续使用。在一个地区，长期单一使用某一种农药，必然会引起效果下降，导致防治对象产生抗药性。正确的做法是轮换使用不同种类的农药。

要严格遵守安全间隔期规定。农药安全间隔期是指最后一次施药到作物采收时的天数，即收获前禁止使用农药的天数。在实际生产中，最后一次喷药到作物收获的时间应比标签上规定的安全间隔期长。为保证农产品残留不超标，在安全间隔期内不能采收。

要采用正确的施药方法。目前我国生产或从国外引进的杀虫剂主要以乳油为主，杀菌剂和除草剂以可湿性粉剂为主，所以，目前施药方式以喷雾为主，其次是拌种、喷粉、撒粉、撒毒土等。可根据不同情况选择不同施用方法。防治地下害虫可用拌种、毒饵、毒土、灌根、土壤处理等方法，防止种子带菌可用药剂处理种子、温汤浸种等，在保护地生产中用药常用的施药方法为喷雾和点燃烟雾剂。

农药使用带来的影响。任何事物都是一分为二的，农药既有对人类有利的一面，也有对人类不利的一面。长时期以来人们单纯依靠大量施用农药来防治有害生物，也产生了一系列不容忽视的新问题。一是有害生物的抗药性种群呈指数增长，使一些农药的防治效果大大降低，以致无效。二是化学农药在杀灭有害生物的同时，也大量杀伤非防治对象，特别是对有害生物发展起控制作用的天敌，破坏了生态平衡，导致有害生物的再增猖獗。三是污染大气、水域和土壤等生态环境和农产品，特别是一部分农药潜藏着致癌、致畸、致灾变的可能，威胁人们的健康。四是不加节制地滥用化学农药，还影响到养蜂业、养蚕业、渔业的安全和野生生物资源的存亡。因此，我们必须大力提倡科学用药，既要充分发挥化学农药的重大作用，又要把其不利作用尽可能地降低到最小限度。

要严格按照防治指标施药。由于农田生态系中各种因素的综合作用，有害生物的数量变化总是保持在一定范围内，总是在一定的水平线上波动，既不会无限制地增加，也不会无限制地减少。如果使有害生物的数量保持在一个低密度的范围，既不造成经济上的损失，又有利于天敌的繁衍，使之成为控制有害生物的一个强有力的因素，对人类则是十分有利的。因此，要严格按照各地制定的防治指标施药，只有当有害生物的数量接近于经济受害水平时，才采取化学防治手段进行控制。要力求做到能挑治的不普治，能兼治的不专治，以减少施药的面积和施药次数。这样，既可节省农药，降低成本，减轻农药对环境和农产品减轻农药对环境和农产品的污染，同时还可扩大天敌的保护面，减少对天敌的杀伤作用。

（4）安全防护

施药人员应身体健康，经过培训，具备一定植保知识。年老、体弱人员，儿童及孕期、哺乳期妇女不能施药。施药需注意以下事项：①要检查施药药械是否完好。喷雾器中的药液不要装得太满，以免药液溢漏，污染皮肤和防护衣物；施药场所应备有足够的水、清洗剂、急救药箱、修理工具等。②要穿戴防护用品。如手套、口罩、防护服等。防止农药溅入眼睛、接触皮肤或吸入体内。施药结束后，应立即脱下防护用品，装入事先准备好的塑料袋中。带回后立即清洗2～3遍，晾干存放。③要注意施药时的安全。下雨、大风天气、高温时不要施药；要始终处于上风位置施药，不要逆风施药；施药期间不准进食、饮水、吸烟；不要用嘴去吹堵塞的喷头，应用牙签、草秆或水来疏通。④要掌握中毒急救知识。如农药溅入眼睛内或皮肤上，及时用大量清水冲洗；如出现头痛、恶心、呕吐等中毒症状，应立即停止作业，脱掉污染衣服，携农药标签到最近的医院就诊。⑤要正确清洗施药药械。施药药械每次用后要洗净，不要在河流、小溪、井边冲洗，以免污染水源。农药废弃包装物严禁作为他用，不能乱丢，要集中存放，妥善处理。

（5）安全贮存

尽量减少贮存量和贮存时间。应根据实际需要量购买农药，避免积压变质和安全隐患。

贮存在安全、合适的场所。少量剩余农药应保存在原包装中，密封贮存于上锁的地方，不得用其他容器盛装，严禁用空饮料瓶分装剩余农药。应贮放在儿童和动物接触不到，且凉爽、干燥、通风、避光的地方。不要与食品、粮食、饲料靠近或混放，不要与种子一起存放。因为农药的挥发物有较强的腐蚀性，农药和种子一起存放，会降低种子的发芽率。

贮存的农药包装上应有完整、牢靠、清晰的标签。

64. 外来物种入侵的主要途径是什么？

一个物种从一个地区入侵到另一个地区的途

径和方式多种多样，归结起来主要有人类活动和自然传播两大类。人类活动可分为有意的和无意的两种情形，有意的如引种，无意的如运输商品中的混杂。自然的则是种子通过风吹、水载、动物携带等形式传播。从种类、数量、途径等各方面分析，人类活动的传播都是主要的。

65. 外来入侵物种的影响和危害有多大？

在自然界长期的进化过程中，生物与生物之间相互制约、相互协调，将各自的种群限制在一定的栖境和数量，形成了稳定的生态平衡系统。当一种生物传入一新的栖境后，在适宜的气候、土壤、水分及传播条件下，极易大肆扩散蔓延，形成大面积单优群落，危及本地濒危动植物的生存。

大多数外来物种会对当地带来很大的危害，特别是繁殖力极强或有毒的外来物种会对入侵地区产生极其严重的后果。首先是外来物种可导致本地生态系统的破坏。其次是外来物种可造成本地生物多样性的减少，而且日益成为生物多样性减少的最主要原因。

知识点

几种外来植物的危害

①三裂叶豚草和豚草，其花粉对人危害很大，可造成“枯草热”症，过敏性哮喘、鼻炎、皮炎等，其生命力很强，种子可在土壤中存活30年。②毒麦果实皮下含毒麦碱，可麻痹中枢神经，若误食含毒麦的面粉，可引起头晕、恶心、呕吐、痉挛。③假高粱也是一种有毒的恶性杂草，牲畜误食或吸入其花粉可引起腹泻、气喘、鼻腔流血、流脓，它的繁殖力极强，若侵入草场，可使牧草严重减产，若侵入农田，则使农作物减产，且很难彻底根除。④水葫芦在水体中的大肆“疯长”,使大多数本地水生动植物等失去生存空间而死亡,导致水体发臭,河道阻塞，滋生大量蚊蝇等卫生害虫。⑤马缨丹则会散发出令人难闻的臭味,对一些园林植物有明显的排斥作用,使一些敏感体质的人饱受鼻炎、结膜炎、哮喘和湿疹之苦。

66. 对外来入侵植物的防控有什么措施?

由于对外来植物入侵的危险性认识不足、生态意识淡薄、引种热情高涨、检疫不严、基础研究薄弱、防范手段方法落后等原因导致了一些外来植物的侵入。随着国际经济交往的日益频繁和交通日益便利，外来植物种入侵的风险也随之增加。为了保证生态安全，在促进生产的同时，必须高度警惕外来植物的入侵，坚持“预防为主，防治结合”的方针，确保生态建设的可持续发展。一是对外来入侵物种进行深入调查研究，包括种类、分布、数量和危害等，建立外来入侵物种监测和报告制度。二是对外来入侵物种进行生物学研究，搞清其生长、传粉、繁殖和传播规律，对当地环境的适应情况，为有重点的防治提供依据。三是加强检疫，严格检疫制度，不仅要重点检疫列入检疫对象的杂草，还要随时掌握各地恶性杂草情况，对检出的其他杂草和种子引起足够的重视，防止外来生物的入侵和扩散。四是积极开展对外来入侵杂草的防治研究工作，寻求控制和消除的有效措施，如人工防除、化学防除、替代防除、生物防除、综合治理等。五是开展外来入侵杂草利用的研究，对危害小、无毒、繁殖快、易形成覆盖植被的，可用于治理和保持水土等。六是加大宣传，强化生态安全意识。利用各种渠道，进行针对外来入侵物种的宣传教育，建立起一种新的生物防护道德规范，进一步规范每个人的行为，使每个人肩负其控制外来入侵物种的责任。对有关管理人员和科研人员开展培训工作，提高他们对外来入侵物种的鉴定、分析和检测能力。

67. 当前农民施肥中存在哪些问题？

（1）施肥不合理，养分比例严重失调

“三重三轻”的问题较普遍，即重化肥轻有机肥，重氮肥轻磷、钾肥，重大量元素肥料轻中、微量元素肥料。

（2）施肥方法不科学、肥料利用率低

农民乱施肥、过量施肥等盲目施肥现象比较突出，导致生产成本高，资源浪费极大，肥料利用率低。据试验，目前我国化肥的当季利用率为氮肥30%～35%、磷肥15%～20%、钾肥35%～50%，其中氮素的损失尤为严重，水田又高于旱地。

（3）面源污染加重，农产品品质下降

过量施用硫铵、硝铵、氯铵及含重金属盐离子的磷肥，造成土壤化学残留物和重金属离子富集，使部分农产品（蔬菜、水果、茶叶、桑麻等）品质下降、检验指标超标、市场竞争力差，给特色农业及绿色无公害农产品、有机农产品造成了严重影响，同时，还造成水体养分富集，面源污染加重。

（4）农田质量下降

速效氮肥撒施、表施，使氮元素养分大量流失，导致土壤残留物增多，造成土壤酸化、板结、通透性差、容重高、有毒、有害物质增多等。

68. 测土配方施肥技术路线及工作要点是什么？

测土配方施肥是综合应用现代农业科技成果，以土壤测试和肥料田间试验为基础，根据作物需肥规律、土壤供肥性能和肥料效应，在合理施用有机肥料的基础上，提出氮、磷、钾及中微量元素等肥料施用品种、数量、时期和方法。主要围绕“测土、配方、配肥、供肥、施肥指导”五个环节开展八项工作。

(1) 土壤样品测试

土壤样品检测是制定肥料配方的重要依据。准确掌握各种类型土壤的养分状况和理化性状，明确土壤缺素因子，为配方设计研究提供第一手资料。测定内容包括土壤容重、pH、有机质、全氮、全磷、全钾、无机氮、有效磷、速效钾、有效锌、有效硼、有效锰、有效铁、有效钼、阳离子交换量、硫及碳配盐含量。

(2) 田间试验

根据土壤类型和主要农作物安排肥料田间小区试验，摸清土壤养分校正系数、土壤供肥量、农作物需肥规律和肥料利用率等基本参数。建立不同施肥分区主要作物的氮磷钾肥料效应模型，确定作物合理施肥品种和数量，基肥、追肥分配比例，最佳施肥时期和施肥方法，建立施肥指标体系，为配方设计和施肥指导提供依据。

(3) 配方设计

汇总分析土壤测试和田间试验数据结果，筛选出不同农作物、不同土壤类型施肥的科学配方。配方设计是测土配方施肥技术的精髓，关键是保证配方的科学性，这是与普通复混肥料的根本区别，对土壤、作物及产量水平有极强的针对性，它实现了对土壤养分的动态管理，精细、准确地指导肥料施用。

（4）校正试验

为保证肥料配方的准确性，减少配方肥大面积应用的风险，在每个施肥分区单元，以当地主要作物及其主栽品种为对象，设置测土配方肥、农户习惯施肥、空白对照三个处理的校正试验，对比测土配方施肥的增产效果，验证和完善肥料配方，优化测土配方施肥技术参数。

（5）配肥加工

根据筛选出的配方，以各元素单质或复混肥为原料配制不同作物在不同土壤类型上的专用配方肥，实现技术与物质的有机结合，配肥加工是测土配方施肥技术重点，关键是保证配方肥质量，才能体现增产增效。

（6）示范推广

针对农户地块和作物种植状况，由县级土肥站制定测土配方施肥建议卡，经各乡镇农技人员和村委会发放到了农户。同时，建立测土配方施肥示范区，树立样板，展示测土配方施肥技术效果。

（7）宣传培训

搞好技术宣传、培训，加强技术指导，是测土配方施肥技术推广的保证。通过电视、报刊、墙体广告、明白纸等方式，大力宣传测土配方施肥的重要意义，介绍测土配方施肥技术，宣传典型经验，调动广大农民施用配方肥的积极性。

（8）效果评价

通过对测土配方施肥区的施肥效益和土壤肥力进行动态监测，并及时将反馈信息及测土配方效果进行分析评价，不断完善测土配方施肥管理体系、技术指标体系和服务体系，建立施肥信息平台，不断提升测土配方施肥水平。

69. 测土配方施肥在提高肥料利用率方面有什么作用？

测土配方施肥实现了由农民不知土壤供肥、不知作物需肥、不知肥料性能的盲目施肥向定土壤类型、定施用作物、定肥料用量的精准施肥转变，是农作物获得优质、高产、高效、环保、安全的可靠保证。

（1）增产效果明显

配方肥中氮、磷、钾及中微量元素养分齐全，供肥平稳均衡，作物吸收利用率高，长势健壮，不旺长，不脱肥，结实率高，籽粒饱满，质量好，产量高。据统计，专用配方肥比习惯施肥粮食作物平均增产10%以上，经济作物增产20%以上。

(2) 节本增效显著

据调查，开展测土配方施肥比习惯施肥亩节省化肥投资 10～15 元，增加产值 20～40 元，总计节本增效 30～55 元/亩。

(3) 提高化肥利用率

测土配方施肥实行有机肥与无机肥结合，氮、磷、钾三种大量元素合理搭配，有针对性地补充中、微量元素，使化肥的当季利用率可比习惯肥提高3～7 个百分点。

(4) 改善农作物产品品质

目前，农产品质量整体水平不高与施肥不合理关系密切，特别是偏施氮肥加重了病虫害的发生，使蔬菜硝酸盐含量增高，造成水果色淡、皮厚、变酸以及一些其他质量指标降低。测土配方施肥能够全面提供作物所需营养，均衡作物所需的养分，提升和改善了农产品品质和质量。

(5) 培肥土壤

测土配方施肥实行缺啥补啥，养分输入大于输出。由于氮、磷、钾及中、微量元素积累增加，使土壤有机质提高，使土壤越种越肥。据调查，连续2～3 季开展测土配方施肥，土壤理化性状明显改善，耕地综合生产能力大大提高。

(6) 防治化肥面源污染

盲目施肥造成了养分大量流失、挥发，使土壤板结、酸化，水体养分富集，加重农业面源污染。推广测土配方施肥可以从源头上防治化肥面源污染。

由此可见，按照不同作物需肥规律，综合土壤供肥能力和肥料效应，开展测土配方施肥，是优化资源配置，提高肥料利用率的有效途径；是实现节本增效，改善农产品质量和保证农产品安全，提高农产品的市场竞争力，增加农民收入的有效手段；是提高土壤肥力，提升耕地综合生产能力，防治农业面源污染，保护生态环境的战略选择。

70. 什么是新型肥料？

对于什么是新型肥料，当今还没有统一的标准。从字面上来理解，所谓新型肥料应该是有别于传统的、常规的肥料，我国科技部和商务部《鼓励外商投资高新技术产品目录》（2003）中有关新型肥料目录就包括复合型微生物接种剂、复合微生物肥料、植物促生菌剂、秸秆、垃圾腐熟剂、特殊功能微生物制剂、控、缓释新型肥料、生物有机肥料、有机复合肥等。新型肥料与常肥料的区别关键在于一个“新”字，而一个事物的“新”与“旧”是随着时间的变化而变化的。也就是说，现在的新型肥料，用不了多久可能也就成为常规肥料了，而现在的常规肥料也是由当年的新型肥料经多年应用而稳定下来的。

新型肥料有别于常规肥料，必须突出一个“新”

字。对“新”字的理解，应该表现在如下几个方面或其中的某个方面：①功能拓展或功效提高，如肥料除了提供养分作用以外还具有保水、抗寒、抗旱、杀虫、防病等其他功能，所谓的保水肥料、药肥等均属于此类。此外，采用包衣技术、添加抑制剂等方式生产的肥料，使其养分利用率明显提高，从而增加施肥效益的一类肥料也可归于此类。②形态更新，是指肥料的形态出现了新的变化，如除了固体肥料外，根据不同使用目的而生产的液体肥料、气体肥料、膏状肥料等，通过形态的变化，改善肥料的使用效能。③新型材料的应用，其中包括肥料原料、添加剂、助剂等，使肥料品种呈现多样化、效能稳定化、易用化、高效化。④运用方式的转变或更新，针对不同作物、不同栽培方式等特殊条件下的施肥特点而专门研制的肥料，尽管从肥料形态上、品种上没有太多的变化，但其侧重于解决某些生产中急需克服的问题，具有针对性，如冲施肥、叶面肥等。⑤间接提供植物养分，某些物质本身并非植物必需的营养元素，但可以通过代谢或其他途径间接提供植物养分，如某些微生物接种剂、VA菌、根真菌等。

当前有些新型肥料仍处于前期预研阶段，技术还不成熟，距离产业化生产还有较大距离，应用效果也不稳定，并没有得到广泛的应用试验证明，因此距大规模推广和实际应用还有很长的路要走，需要开展大量的工作。但市场上鱼龙混杂，某些非法企业以新型肥料为名，炒作概念，误导消费者。此外，也存在着对某些新型肥料品种的功效夸张宣传问题，影响农业生产者正常购肥、用肥行为。作为消费者应当仔细甄别，切忌一味求新、求异，忽视肥料的实际应用效果，对没有把握的新型肥料应多作咨询，在专家指导下科学使用，或者进行必要的肥效试验后进行推广应用。

纵观欧美各国肥料使用现状，当前仍以常规肥料占绝大多数。新型肥料只是在某些特殊作物、特殊土壤上或者在其他的具体条件下进行应用。我国政府支持新型肥料的研究是极为必要的，是促进肥料品种多元化、提高施肥效益的重要手段。从当前生产实践来看，肥料工作的重点还是应该放在提高科学施肥水平上，完善施肥技术、推广平衡施肥理念至关重要，常规肥料在今后相当长的时间内仍将是肥料应用的主流。新型肥料的研制、生产与推广需要稳步发展，不能急于求成。

71. 成为新型肥料需要什么条件？

新型肥料必须适应市场需求，新近开发生产的产品，同时全部或部分符合下列条件：①能够直接或间接地为作物提供必需的营养成分；②调节土壤酸碱度、改良土壤结构、改善土壤理化性质、生物化学性质；③调节或改善作物的生长机制；④改善肥料品质和性质或能提高肥料的利用。

72. 新型肥料分几个类别？

目前，市场上存着多种新型肥料，但按其本身性质和功能可以分为六类：

（1）微量元素肥料

具有一种或几种微量元素标明量的肥料。这类肥料中含有一种或数种对作物生长发育所必需的，但需要量甚微的营养元素，包括锰、硼、锌、钼、铁和铜等。市场上主要的品种有硫酸锰、硼砂、硫酸锌、钼酸铵、硫酸亚铁、硫酸铜及各种微量元素混合的叶面肥。

（2）微生物肥料

由一种或数种有益微生物、培养基质和添加剂培制而成的生物性肥料，通常也叫菌剂或菌肥，包括固氮菌类、解磷类和解钾类细菌。市场上主要的肥料品种有硅酸盐菌剂、复合菌剂和复合微生物肥料。

（3）调节剂类

用于改善土壤的物理、化学和生学性质和植物生长机制的物质，统称为调节剂类。主要类型有土壤酸碱调节剂、土壤结构改良剂、植物生长调节剂类。市场上主要肥料品种有土壤保水剂、云大-120等。

(4) 氨基酸肥料

能够提供各种氨基酸类营养物质的物料统称为氨基酸类肥料。主要的肥料品种有“天骄牌”氨基酸和促丰宝等。

(5) 腐殖酸肥料

富含腐殖酸和一定标明量无机养分的肥料。是以泥炭、褐煤、风化煤等为主要原料，经过不同化学处理或再掺入无机肥料而制成的。有刺激植物生长、改善土壤性质和提供少量养分作用。主要肥料品种有腐殖酸铵和腐殖酸复合肥。

(6) 添加剂类（大量元素）

指含有用于改善肥料性能物质的肥料，主要包括含有防止或减少肥料吸湿结块的添加剂和抑制氨态氮挥发、减少氮损失的添加剂。含有添加剂的肥料品种主要有长效碳铵、肥隆等。

73. 新型肥料的发展趋势是什么？

新型肥料的发展趋势与农业发展趋势密切相关，随着人口的增长，人类对粮食和农产品需求量增多，只有加快新型肥料的发展速度，才能保证农业生产沿着高产、优质、低耗和高效的方向发展。

(1) 高效化

随着农业生产的进一步发展，对新型肥料的养分含量提出了更高的要求，高浓度不仅有效地满足作物需要，而且还可省时、省工，提高工作效率。

（2）复合化

农业生产要求新型肥料要具有多种功效，来满足作物生长的需要。目前，含有微量元素的复合肥料以及含有农药、激素、除草剂等新型肥料在市场上日趋增多。

（3）长效化

随着现代农业的发展，对肥料的效能和有效时期都提出了更高的要求，肥料要根据作物的不同需求来满足作物的需要。

74. 有机肥分几个种类？

传统有机肥料，俗称的农家肥，由各种动物、植物残体或代谢物组成，如人畜粪便、作物秸秆、动物残体、屠宰场废弃物以及枯枝落叶和草炭等。另外还包括饼肥、堆肥、沤肥、厩肥、沼肥、绿肥和泥肥等。主要是通过微生物转化以供应有机、无机物质为手段，借此来改善土壤理化性能，促进植物生长及土壤生态系统的循环。

商品有机肥料，按照国家相关标准（NY 525—2002）规定，是指以畜禽粪便、动植物残体等富含有机质的副产品为主要原料，经发酵腐熟后制成的有机肥料。其主要技术指标：外观，褐色或灰褐色，粒状或粉状，无机械杂质，无恶臭；有机质含量≥30%；总养分≥4.0%；水分≤20%；酸碱度（pH）5.5～8.0。

75. 施用有机肥料有何意义？

有机肥料是经生物物质、动植物废弃物、植物残体加工而来，消除了其中的有毒有害物质，富含大量有益物质，包括多种有机酸、肽类以及包括氮、磷、钾在内的丰富的多种营养元素。施用有机肥料不仅能为农作物提供全面营养，而且肥效长，可增加和更新土壤有机质，促进微生物繁殖，改善土壤的理化性质和生物活性，是绿色食品生产的主要养分。有机肥料资源的分布十分广泛，可以说有生物和生物质存在的地方就有有机肥料资源。随着循环经济和生态农业的发展以及对农产品质量要求的提高，有机肥料生产日益商品化和加工工艺更加科学化，各种有机肥料和商品有机肥料层出不穷，应用也更加广泛。

76. 怎样积制有机肥？

（1）堆肥的积制

堆肥是以各类秸秆、落叶、青草、动植物残体、人畜粪便为原料，按比例相互混合或与少量泥土混合发酵腐熟而成的肥料。

普通堆制法：在嫌气、常温条件下，使有机质缓慢分解，操作简便易行，养分损失少，但腐熟时间长，一般为3～4个月。这里介绍一种适宜于秦皇岛气候条件的坑式堆制法。

在田头或宅旁挖一土坑，将垃圾、褥草、杂草和秸秆等原料及人畜粪尿等促分解物质分层铺入坑内，堆积到与地面齐平或高于地面1米内为止，顶上盖细土或污泥约10厘米厚，堆积1～2个月后，下层物全部或部分腐烂，掘起翻捣一次，根据堆内的干湿程度适量加水或人畜粪尿，混均再堆，依然用土或污泥覆盖，以减少水分蒸发和肥分损失。一般夏秋经1～2个月、冬春经3～4个月即可腐熟施用。

高温堆制法：特点是在通气良好、水分适宜和高温的条件下，好热微生物对纤维素起强烈分解作用，加快堆肥的腐熟。方法有半坑式和平地式两种。堆制方法与普通堆制法基本相同，不同之处是此法在堆制过程中必须接种一定量的好热性高温纤维分解菌，常用加入马粪来解决。同时此法在堆制时，还要设通气塔、通气沟等通气装置，用以保持肥堆内适量的空气，以利于好气微生物的繁殖和活动，促进有机物分解。寒冷地区或季节还应有防寒设置。

（2）厩肥的积制

指猪、牛、马、羊、鸡、鸭等畜禽的粪尿与秸秆垫料堆沤制成的肥料。

圈内堆沤腐解法：一般适用于养猪积肥。猪圈构造一般分为台和坑两部分，台是供猪休息的地方，坑是供猪运动和排泄的场所，即积制厩肥的地方。坑的大小以养猪的数量而定，垫料主要为细干土，也可放入部分秸秆、青草、垃圾等。坑内常年保持湿润，垫料加入坑内，通过猪的踩踏，使粪尿与垫料充分混合、压紧，造成嫌气分解条件，进行沤制。当坑内土粪堆到一定高度时，下层肥料已经腐熟，可移至圈外平地上再堆积一段时间，待腐熟均匀后，结合翻堆将土粪捣碎备用。

圈外堆腐法：一般多适用于大牲畜积肥，猪、羊和兔等圈粪也常采用。垫料主要为作物秸秆、杂草等。勤垫勤清扫，将清扫出的家畜粪尿与垫料的混合物选择蔽荫场所堆沤腐解。按堆积的松紧程度不同，可分为：①紧密堆积法。将家畜粪尿与垫料的混合物层层堆积，并立即压紧，堆至1.5～2米高后，用泥土封好，以免雨水淋洗。2～4个月，可达半腐熟状态，6个月以上才能完全腐熟，在非急用时，可用此法。②疏松堆积法。与上述情况相似，但在堆积过程中始终不压紧，肥堆内一直保持好气状态，使厩肥在高温下进行分解。此法可在短期内制出腐熟的厩肥，且还可将肥堆内的病菌、寄生虫卵和杂草种子全部杀死，但有机质和氮素损失较大，非急用，不用此法。③疏松紧密交替堆积法。将家畜粪尿与垫料的混合物疏松堆积，不压紧，让其在好气条件下进行分解。为提高肥料质量和加快分解速度，还可在堆积时向堆内泼浇适量的粪水或分层加入少量过磷酸钙。一般2～3天后，堆内温度可达50～70℃，大部分病菌、虫卵和杂草种子可被杀死。待温度降至50℃以下时，即踏实压紧，上面再堆积新出的厩肥。如此，下层厩肥在嫌气条件下继续腐解，而上层新堆的厩肥则在好气条件下分解。如此疏松、紧密交替层层堆积，一直堆到1.5～2米高，对外面用泥土封好或盖稻草，以保温和防淋洗。一般经1.5～2个月后即可达半腐熟状态，4～5个月即可完全腐熟。

77. 怎样施用有机肥？

（1）基肥施用技术

施用量。一般小麦、玉米、棉花和水稻等大田作物，有机肥多做基肥一次性施入，每亩2 000～5 000千克厩肥，垃圾堆肥可高一些，每亩1.5万千克，饼肥每亩100～150千克。瓜菜类基肥用量占总施肥量的40%～50%，果树类为1/2～2/3。另外，基肥用量应视土壤质地而异，土壤质地黏重，作物生育期长，基肥可一次性施入；轻壤质，因保水性差应分次施肥。

施用技术。几乎所有的有机肥料均可以做基肥，但施用要遵循土肥相融的原则。①撒施。在犁地前把肥料均匀撒在地表，然后耕翻埋入土中。此法适于密植作物（小麦、水稻等）以及根系分布广的作物和蔬菜田。常用肥料有厩肥、堆肥和土杂肥等。②条施或穴施。条施是犁沟施肥，覆土后播种；穴施是在播种前把肥料放在播种穴中，而后即时覆土随即播种。两种方法用肥量少，适合甘薯、玉米、棉花和花生等点播作物。③分层施肥。在深耕时把有机肥翻入下层，然后在耕地时再把少量细肥混在土壤上层，使土肥充分混合，如此既有利于土壤熟化，又能保证作物养分供应。此法适用于直播式种植的叶菜类作物。

施用时期。大田作物是在前茬收获后犁地前施入；叶菜类作物宜用腐熟完全的肥料，如果用未腐熟好的有机肥应在种植前30～50天施用，以防施入土壤后继续腐解，放出二氧化碳会使种子窒息、发热，消耗土壤水分，发生作物脱水脱肥现象；果树基肥按株施入；玉米秸秆还田，如果用麦秸、麦糠盖田做基肥，最好在玉米收获后尽早翻压，因为刚收获的秸秆水分含量高，翻压容易分解。

（2）追肥施用技术

施用量。腐熟完全的人畜粪尿、禽粪和速效养分含量高的厩肥、堆肥和沼气肥以及发酵后的饼肥、血粉、草木灰等均可做追肥。其施用量为作物总需肥量减去基肥用量。

施用技术。①撒施。把精制有机肥或腐熟好的有机肥料干燥、粉碎混合均匀，撒施。稻田撒施时应将由内水排出留5厘米左右水层，撒后结合耕耘除草，隔两日再灌水。②条施或穴施。小麦、杂粮和棉花等作物用人畜粪尿掺水，用施肥器开沟条施后覆土。在有灌溉条件下，用精制有机肥做旱作追肥。穴施多用在玉米、果树类作物，株间开10厘米深穴，施后覆土。③随水灌溉。将腐熟好的人畜粪尿掺入灌溉水内，随水灌入畦内。蔬菜和小麦冬灌常用此法。④根外追肥（叶面追肥、喷肥）。把有机肥液喷洒在作物叶面上，有些肥料还可与农药混喷，简单易行，用量少，肥效快，效果显著。

施用时间。①旱田作物。玉米在坐胎期追肥（5～6叶期）并结合浇水；水稻一般是两次，分蘖期和幼穗分化期；大豆常在花期根部追肥；甘薯追两次，为苗肥和长茂肥；马铃薯开花前追施效果较好；棉花苗期、蕾期和花铃期追施，用饼肥每亩20～25千克加硫酸铵10千克。②果树类。苹果，如果秋基肥不足，可在花前追施20千克人畜粪尿加适量硫铵。

（3）种肥施用技术

腐熟的人畜粪尿、厩肥、堆肥、饼肥、腐殖酸类肥料和草木灰均可用做种肥。

使用方法：①拌种。用适量的肥料和种子拌和均匀后一起播入土壤。②浸种。用一定浓度的肥料液浸泡种子，待一定时间后取出、晾干，播种。

78. 秸秆还田有几种方式？

①机械化粉碎还田。将收获后的农作物秸秆刈割或粉碎后，翻埋或覆盖还田。②保护性耕作。将秸秆覆盖留茬还田、就地覆盖或异地覆盖还田。③快速腐熟还田。利用微生物菌剂对农作物秸秆进行发酵腐熟直接还田。④堆沤还田在田间地头挖积肥凼，将农作物秸秆堆成垛，添加适量的家畜粪尿或污泥等，调整碳氮比和水分，或者添加菌种和酶，使秸秆发酵生成有机肥。⑤生物反应堆。将秸秆加入一定比例的水和微生物菌种、催化剂等原料，发酵分解，满足作物对二氧化碳、有机质和其他方面的需求。

79. 如何利用沼液、沼渣施肥？

（1）沼液

多作追肥，穴施或条施，施后盖土。有灌溉条件的菜田或旱田，施用时按 1∶2 的肥水比例开沟、挖穴浇灌在作物根部周围。一般追肥量为每亩 1 500～2 000 千克。根外追肥，将其对水 30%～

50%，搅拌均匀，再静置10小时左右，取其上清液进行叶面喷施，每亩用量40～50千克。

（2）沼渣

多做基肥，条施或撒施。将沼渣与农家肥、田土各1/3混合深施做底肥或直接撒施田面，立即翻耕入土。亩施用量为2 500～3 000千克。

知识点

沼气

沼气是各种有机物质（如作物秸秆、杂草、人畜粪便、垃圾、污泥等）在一定温度、湿度、酸碱度和隔绝空气的条件下，经过微生物的发酵作用产生的一种可燃性气体，由于最先是在沼泽、湖泊、池塘中发现的。所以叫沼气。

沼气不是一种单纯的气体，而是一种混合气体。其中主要成分是甲烷占55%~70%，二氧化碳占25%~45%，此外还有少量的氮、氢、氨、一氧化碳、硫化氢等气体。沼气是一种无色、有味、有毒、有臭味的气体，这是由于它含有少量的硫化氢、氨和磷化氢的原因。沼气是一种优质燃料，燃烧时呈蓝色火焰并放出大量的热量。

80. 生态家园富民工程建设有什么意义？

实施生态家园富民工程，大力发展农村沼气，能有效地解决农民生活用能问题，改善生态环境，带动养殖业和高效种植业发展，促进农民增收。沼气的综合利用，是发展生态农业，提高农产品品质的重要措施，是提高农民生活质量，促进农村精神文明建设的重要内容。通俗地说，就是农户通过建沼气池，利用人畜粪便、生活污水、农业废弃物等入池发酵，产生的沼气、沼液和沼渣用于日常生活和农业生产，从而形成农户生活—沼气发酵—生态农业的良性发展链条。

建一个10立方米的三结合沼气池，年产气量可达到500立方米，节约的薪柴相当于3.8亩薪炭林一年的生长量，可解决5口之家的日常生活用能。

每个10立方米的沼气池年可提供沼肥20立方米。沼肥中富含作物生长所必需的氮、磷、钾等元素，且病菌、虫卵大部分被杀死，是理想的无公害肥料，具有无污染、高效、培肥地力的作用。经实际测试，连续施用沼肥3年，土壤有机质含量增加0.39%，全氮增加0.05%，土壤容重减少0.2克/立方厘米，孔隙度增加6.6%，土壤微生物活跃，保水抗旱性能提高。利用沼肥种果，病虫害少，果树长势强，果品糖分高，外观和口感都好，增产25%左右。

据调查，沼气户人均使用化肥比非沼气户少19%左右，使用农药少10%左右，耕地产粮比非沼气户高38%，劳动力人均纯收入比非沼气户高56%左右，沼气户人均各项总收入比非沼气户高1.2倍多。

相关链接

大力发展沼气是一件一举多得的好事

⑴ 利用沼气作生活燃料，是我国农村燃料史上一次具有重要意义的变革。它可以解决农村妇女做饭免受烟熏火燎之苦，保持清洁卫生。

⑵ 可提供大量优质肥料，利用秸秆、柴草、人畜粪便发酵制取沼气作为燃料后，还可积造出大量的有机肥料，改良土壤、保持生态平衡。沼渣可以养鱼、栽培蘑菇、作育秧营养土等。沼液可以用作叶面肥，可以浸种、作杀虫剂、喂猪等，效果明显。比如：利用沼液浸种能使种子内部酶的活动得到激发，促进胚细胞分裂，刺激生长，调控生长基因，还可以杀灭种子表面细菌，增强其抗病能力；利用沼液喂猪，猪生长快，毛色亮，不易得病，肉质好，缩短存栏期，增加效益；利用沼液喷果树，不仅起到防虫作用，而且减少落果烂果，果大面光，色鲜，口感好，含糖量高，增产增收。

81. 适宜推广的沼气池模式主要有几种?

根据实际情况，将 10 立方米的底层出料水压式沼气池作为推广的基本池型，有条件的农户也可选用 10 立方米的强回流沼气池。本书仅介绍 10 立方米的底层出料水压式沼气池。

建设模式，是指沼气池与猪圈、厕所、温室大棚相互结合的方式。主要有二位一体模式、三结合模式、四位一体模式。

（1）二位一体沼气池

二位一体沼气池，也叫二位一体模式。由沼气池和卫生厕所相结合而成，适用于无畜禽舍的非养殖户。沼气池与厕所相联结，对粪便进行无害化处理。建设要求：①沼气池。在厕所的地下建沼气池，容积为4～6立方米。②卫生厕所。建设面积为2平方米左右，厕所建好后，要干净卫生，无臭味，无苍蝇。有条件的农户，可将卫生厕所面积扩大至3～4平方米，夏天安装太阳能热水器，兼做洗澡房或冲澡场所，洗澡污水流入沼气池处理。

（2）三结合沼气池

三结合沼气池，也叫三位一体沼气池或三位一体模式。由沼气池、太阳能畜禽舍、卫生厕所结合而成，适用于有畜禽舍的家庭养殖户。人畜粪便进入沼气池，经发酵产生沼气和沼液、沼渣，为农户提供生活能源和有机肥料，解决因养殖造成的环境污染。建设要求：①太阳能畜禽舍。根据养殖量和庭院大小，确定太阳能畜禽舍的面积。推荐面积为20平方米。②沼气池。建于太阳能畜禽舍的地下。一般为10立方米，可养殖8头猪或养3头牛或养300只鸡。③卫生厕所。建在畜禽舍内的一侧，面积为2平方米左右。④储肥池。储肥池是沼气池的重要配套设施，是实现沼气池自动出料和保证后期沼液综合利用的不可缺少的条件。一般建在太阳能畜禽舍外便于取料的地方，容积 2～3 立方米为宜。用于收集沼气池发酵时排出的沼液，防止污染环境，以供综合利用。

（3）四位一体沼气池

四位一体沼气池，也叫四结合沼气池。由温室大棚、沼气池、太阳能畜禽舍和卫生厕所组成。通过沼气池，将种植与养殖结合在一起，降低生产成本，提高经济效益。建设要求：①温室大棚。建日光温室大棚一座，面积 0.5～1 亩。②太阳能畜禽舍。建在日光温室内，面积 20 平方米左右。③沼气池。建在太阳能畜禽舍地下，一般为 20 立方米。④卫生厕所。建在畜禽舍一侧，面积为 2 平方米左右。⑤储肥池。在日光温室内，太阳能畜禽舍外，建2～3 立方米沼液储肥池一座，用于收集沼气池发酵过程中排出的沼液，以供综合利用。⑥在日光温室内接沼气灯 8～10 盏，用于增加农作物的光照时间，提供二氧化碳气肥。⑦在日光温室内，猪舍与农作物之间，用砖墙隔开，以防猪舍内的氨气对农作物造成损害。

82. 沼气池厌氧发酵需具备什么条件？

沼气发酵是由多种细菌群参加完成的，它们在沼气池中进行生长繁殖需要一定的生活条件，只有用人工为其创造适宜生长条件，才能使大量的微生物迅速地繁殖，加快沼气池内的有机物分解。

沼气正常产气的基本条件是：沼气细菌、发酵原料、发酵浓度、酸碱度、严格的厌氧环境、适宜的温度。这些条件有一项对沼气细菌不适应，也产生不了沼气。

(1) 沼气细菌

制取沼气必须有沼气细菌才行。如果没有沼气细菌作用，沼气池内的有机物本身是不会转变成沼气的。所以沼气发酵启动时要有足够数量含优良沼气菌种的接种物，这是制取沼气的重要条件。

在农村含有优良沼气菌种的接种物普遍存在于粪坑底污泥、下水污泥、沼气发酵的渣水、沼泽污泥、豆制品作坊下水沟的污泥中，这些含有大量沼气发酵细菌的污泥称为接种物。沼气发酵加入接种物的操作过程称为接种。新建沼气池头一次装料，如果不加入足够数量含有沼气细菌的接种物，常常很难产气或产气率不高，甲烷含量低无法燃烧。另外，加入适量的接种物可以避免沼气池发酵初期产酸过多而导致发酵受阻。牛粪中因含有大量的沼气细菌，经过预处理后，也可以不加菌种直接启动。

(2) 充足的发酵原料

沼气发酵原料是产生沼气的物质基础，又是沼气发酵细菌赖以生存的养料来源。因为沼气细菌在沼气池内正常生长繁殖过程中，必须从发酵原料里吸取充足的营养物质，用于生命活动。另外，原料不仅需要充足，而且需要适当搭配，保持一定的碳、氮比例，这样才不会因缺碳素或缺氮素营养而影响沼气的产生和细菌正常繁殖。

（3）发酵原料浓度

沼气池中的料液在发酵过程中需要保持一定的浓度，才能正常产气运行，如果发酵料液中含水量过少、发酵原料过多，发酵液的浓度过大，就容易造成有机酸的大量积累，结果使发酵受阻。如果水太多，发酵液的浓度过稀，有机物含量少，产气量就少。沼气的初始浓度低一些便于启动。冬季、初春池温低，原料分解慢，发酵料液浓度可相对高一点。

（4）适当的酸碱度

沼气发酵细菌最适宜的 pH 为 6.8～7.5，6.4 以下或 7.6 以上都对产气有抑制作用。如果 pH 在 5.5 以下，沼气池初始启动时，投料浓度过高，接种物中的产甲烷菌数量又不足，或者在沼气池内一次加入大量的鸡粪、薯渣造成发酵料液浓度过高，都会因产酸与产甲烷的速度失调导致 pH 下降，造成酸化。这是造成沼气池启动失败或运行失常的主要原因。

（5）严格的厌氧环境

根据沼气细菌怕空气的特性，修建的沼气池，除进出料口外，必须严格密闭，达到不漏水、不漏气，保证沼气细菌正常的生命活动和贮存沼气。

(6) 适宜的温度

沼气池内发酵液的温度对产生沼气的多少有很大影响。这是因为在最适宜的温度范围内温度越高，沼气细菌的生长、繁殖越快，产沼气就多。如果温度不适宜，沼气细菌生长发育慢，产气就少或不产气。所以，温度是生产沼气的重要条件。沼气细菌在8～60℃范围内都能进行发酵。通常将10～26℃叫做常温发酵，也是农村沼气池通常的发酵温度。冬季把沼气池修建在日光温室内或太阳能禽畜舍内，使池温增高，提高了冬季的产气量，达到常年产气。

83. 建造沼气池有什么要求？

农村的庭院养殖户，且庭院面积在30平方米以上，均应建造由沼气池、太阳能畜禽舍、卫生厕所组成的三结合沼气池，对人畜粪便和生活污水进行无害化处理，改善卫生环境。

农村的规模养殖场，均应建设大中型沼气池，对养殖排放污水进行无害化处理。

利用日光温室开展设施种植业的农户，可在日光温室内建设沼气池。同时，利用沼气灯、沼渣、沼液施肥，降低生产成本，生产无公害蔬菜。

(1) 沼气池的规划、设计

所谓三结合沼气池就是在结构设计上采用地下建沼气池，沼气池上建太阳能畜禽圈和厕所的结构。它克服了20世纪70年代推广的单一秸秆式沼气池经济效益低、冬季不产气、进出料难等缺点。经过各地的实践，被广大建池户一致认为是投资少、见效快、易掌握的一项实用技术。

①备料。主要原材料是水泥、沙子、石子和砖等，不同容积的沼气池约需原材料如下表所示。

不同容积的沼气池原材料用量

沼气池容积（立方米）	水泥（袋）	沙子（立方米）	石子（立方米）	砖（块）	投资概算（元）
10	25	3.5	3.5	800	1 000
12	30	4	4	1 000	1 200
14	35	4.5	4.5	1 000	1 400
15	38	5	5	1 200	1 500
20	55	6.5	6.5	1 600	2 000
25	65	8.5	8.5	2 000	2 500

②画线。平整场地后确定沼气池圆心并画圆。同时，要画出水压间的位置。水压间最好设计在畜禽圈内的走廊下面，一般在发酵池的北侧。沼气池各部位尺寸如下表所示。

池口浇筑时，池口直径0.54米，池口出台内直径0.7米，池口出台外直径0.86米，池口高20厘米，池口高浇筑到10厘米时，分成三等份分别放3根高粱秸秆，继续浇筑。放高粱秸秆的目的是便于沼气池在封口后安装插销用。之后，把沼气池口砖内模拿掉，用1∶2的水泥沙灰把沼气池口略微抹成上大下小的圆锥体，以便密封盖与沼气池密封严实，并能保证密封口打开方便。为浇筑方便，也可以采用模具浇筑方法。之后用5层报纸作隔离层贴在沼气池口四周，在沼气池口浇筑沼气池密封盖，密封盖内要配“井”形的4根钢筋，并在密封盖上安装吊勾。密封盖浇筑完毕，接着对拱顶进行外层施工。即统一抹一层1∶2的水泥沙灰，厚5毫米。反复压实，不翻沙，不起层，无裂缝纹，表层有光度。同时把水封盖抹平、压光，待抹平终凝后，刷密封涂料，第一期工程即告结束。

⑦养护。用湿沙土覆盖，经常浇水保持湿润，要求浇筑完毕20小时后，连续养护一般需要7天以上。

⑧池底施工。沼气池养护好后即可拆掉砖模，清除池内杂物。先从水压间部位拆模，在出料口底部用长木棍将池中心的圆筒形花砖捅倒，土模即可落到池底，将池内清理干净。同时把池壁浮渣、浮灰和局部突出部位清理掉。如果池壁过干时，应以

水湿润，修补凹陷部分，然后用重 150 号混凝土进行池底浇筑，浇筑厚度为 8～12 厘米，并进行养护。

⑨池内装修。采用 7 层密封作业方法进行池内装修。这里介绍一种较为简单的密封作业方法：第一层，在池墙和拱顶统一刷一遍水泥素灰浆；第二层，池内全部抹一层素灰，厚 5 毫米，压光压实；第三层，待稍干后，抹 1∶2 的水泥细砂灰，压光压实；第四层，待稍干后，刷一遍水泥素灰浆；第五层，抹 1∶1 的水泥细沙灰 5 毫米，压光压实；第六层，稍干后，刷一遍水泥素灰浆；第七层，稍干后，再刷一遍水泥素灰浆。注意：刷浆的浓度以糊状、刷后不流灰浆为宜。刷浆时采用先横刷后竖刷的方法，防止漏刷。

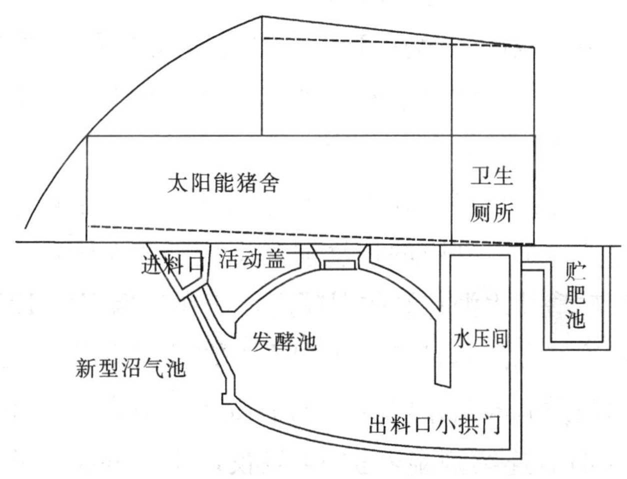

农村三结合沼气池剖面示意图

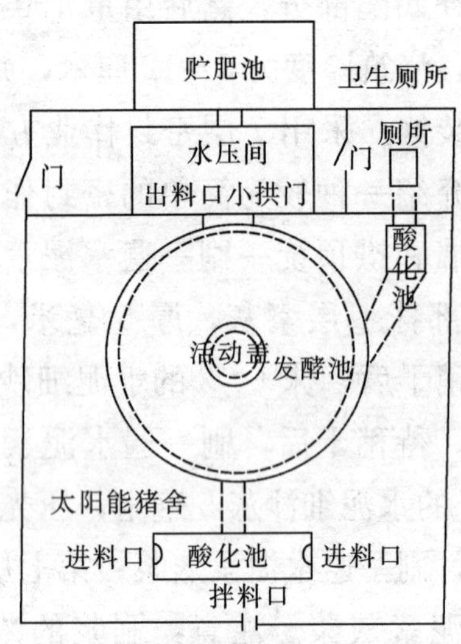

农村三结合沼气池平面示意图

(2) 沼气池的主体施工

沼气池的主体施工，采用砖模或钢模具两种。施工中要特别注意混凝土的标号和养护时间。拆模时要特别注意安全。

①养护。要求在平均气温大于5℃的条件下进行自然养护。外露的现浇混凝土应加盖草帘浇水养护。硅酸盐水泥拌制的混凝土，应在浇捣完毕12小时后连续潮湿养护7昼夜以上；矿渣硅酸盐水泥和火山灰质硅酸盐水泥拌制的混凝土，应在浇捣完毕20小时后连续潮湿养护14昼夜以上；混凝土施工中掺入塑化剂时，连续养护时间不得少于14昼夜。

②拆模。拆侧模时混凝土的强度应不低于混凝土设计标号的40%，拆承重模时混凝土的强度应不低于混凝土设计标号的70%。

(3) 沼气池的内装修

沼气池池体内部密封（池内粉刷）。认真做好沼气池的内密封层是保证池体不漏水、不漏气的重要环节。因为混凝土是属于多孔性材料，水泥完全水化后的空隙大于甲烷分子6～12倍。甲烷分子又比空气分子的运动速度要快好几倍。因此，特别容易出现渗漏。

密封层施工前，必须将沼气池内壁的沙浆、灰耳、混凝土毛边等剔除并用水泥沙灰补好缺损。

沼气池密封层采用7层做法和3层做法两种：贮气箱及池内进料管部位采用7层做法；池底、池壁、水压间、出料通道等采用3层做法。

贮气箱、进料管的7层密封做法：

①基层刷浆。采用425号水泥，灰水比为0.3∶1，在池内贮气箱部位刷一遍水泥浆，在刷水泥浆过程中如有起泡的地方，说明此处干燥要多刷一遍。

②底层抹灰。采用1∶2.5水泥沙浆，抹浆厚度为0.3～1厘米，边抹边找平，使池体严密。

③素灰层。底层抹灰后立即抹一层素灰，厚度不超过0.1厘米为宜。

④沙灰层。素灰层施工结束后抹一层1∶2水泥沙浆，厚度0.4厘米，要抹平压实。

⑤抹素灰层。沙灰层抹完后再抹一层纯水泥浆，厚度不超过0.1厘米。

⑥面层抹灰。素灰层抹完后，进行面层抹灰，抹1∶1水泥细沙灰，厚度为0.3～0.4厘米。要求沙子筛细，以防出现沙眼，要反复压光。拱角以下20厘米均为贮气箱部分。以上6层施工必须在12小时内完成。

⑦刷素灰浆。面层抹灰结束后，每隔4～8小时刷纯水泥浆一遍，共刷3遍，第一遍横刷、第二遍竖刷、第三遍横刷。

发酵间、水压间（出料间）、出料通道等部位密封，可以采用3层做法。具体操作如下：

①底层抹灰。用1∶2.5水泥抹底层，厚度为0.5厘米，此层抹灰与贮气间底层抹灰同步进行。

②面层抹灰。抹1∶1水泥细沙灰，厚度0.4厘米，要与气箱面层抹灰同步进行，要反复抹平，压光不能出现沙眼。

③面层刷灰浆2～3遍。具体操作可与贮气箱刷灰浆同步进行。刷灰浆能提高密封效果，又起到对池体养生作用，同时又能对整体池内各部位进行检查。在操作中如发现有沙眼处，要反复刷好，也可用镜子反光辅助照明检查。密封层施工要连续操作，

不得间断，抹灰刷浆每道工序要做到“薄”、“匀”、“全”，先将沙浆重重压抹，使沙浆多余水分不断排出，经数次反复压抹，达到坚实。进料口、出料口通道及主池口一定要认真仔细抹好，这几处是容易漏水、漏气的地方。

在整体密封层中的沙灰层，其结构是呈网格状态的，也会存在孔隙，甲烷分子很容易跑掉，造成漏气，该层只能起到增加池体强度作用，却不能解决漏气问题。素灰层虽然很薄，由于密实程度好能够起到防漏作用。沙灰层与素灰层成为一体，既增加了密封层的强度又起到了防止漏气、漏水的作用。

（4）输气系统的安装

输气系统的各个部件的整体安装做到安装合理，使用方便，安全可靠，美观大方规格化。

①输气管。多采用内径为1厘米的塑料管作为输气管道，即经济，又便于安装。安装时首先对塑料管进行试气试验，其做法是：将塑料管的一头封死，放入水中，然后向另一头内注气，观察有无漏气，检查合格后方可使用。在安装室外部分时，最好将管路埋入地下，以不受冻为好。应注意的是：埋入地下时管路不能受压变形，取直路安装，尽量减少拐弯或拐死弯，要将多余的管道剪掉。

②配套管件。一般指开关、三通、四通，二接头等，在选择时一定要与输气管相配套。安装前一

定要做漏气试验，确保无问题后方可使用。安装时要注意，配套管件内外壁要光滑，固牢，位置以使用方便、安全为原则。

③灯、炉、灶、气压表的安装。一般提倡将软管装入套管中进行安装，防止软管的老化，同时使软管平整不容易造成积水。总的来说，要使用方便，通风良好，远离易燃物品，美观大方，规格化。

明管管路。应安装在环境温度为0～40℃、不受阳光照射和不受撞击的地点。管路应沿墙、梁或屋架敷设，不得腾空跨越或悬挂，并应牢固地用钩钉或管夹固定在房屋的构件上。固定点的间距：在水平管段上，硬管不大于0.8米，软管不大于0.5米；直立管段上均不大于1米。水平管段应有不小于千分之五的坡度。坡度向立管方向落水。必要时在水平管段的最低点或直立管段的下部设置存水段，便于排除该处积水。灯和灶附近的墙面应是耐燃的或用耐火材料加以保护。直立管段与明火的水平距离不小于50厘米。沼气灯与易燃顶棚的垂直距离应不小于1米。管路距离室内电线不得小于10厘米，距离生火的烟囱表面不小于50厘米。

设备的装置高度标准。灶面距离地面为0.8米，连接灶具的水平管应低于灶面5厘米。沼气灯距地面为2米，灯的开关距离地面为1.45米，灯与易燃顶棚的垂直距离应不小于1米。

84. 沼气灶使用中常见故障有哪些？如何排除？

<table>
<tr><th colspan="2">现 象</th><th>原 因</th><th>排除方法</th></tr>
<tr><td colspan="2" rowspan="9">电子或脉冲打火不灵，或着火率低</td><td>气源开关未开或沼气气质不好</td><td>打开气源开关，调整发酵原料的配比</td></tr>
<tr><td>输气管扭折、压扁、气路堵塞</td><td>矫正或更换输气管</td></tr>
<tr><td>电池电压不足或电池接触不良</td><td>更换电池</td></tr>
<tr><td>点火器开关触点氧化，接触不良</td><td>将电极簧片用细沙纸略砂几下</td></tr>
<tr><td>脉冲炉头点火的放电间隙太近或太远</td><td>调整放电间隙，将中心分火器（小火盖）的缝隙与电极磁针的距离调至4毫米左右为宜</td></tr>
<tr><td>电极磁针与档焰板的距离不当</td><td>将电极磁针与支架档焰板的距离调至4毫米左右为宜</td></tr>
<tr><td>电极档焰板与点火喷嘴轴线的倾角不对</td><td>用尖嘴钳调整支架上的档焰板与点火喷嘴轴线的倾角为20度为宜</td></tr>
<tr><td>引火喷嘴堵塞</td><td>用曲0.4毫米针疏通引火喷嘴</td></tr>
<tr><td>沼气压力太高</td><td>用调控开关调节灶前压力为400～2 000帕于工作区为宜</td></tr>
<tr><td rowspan="3">火焰异常</td><td>火焰不规则</td><td>分火器（火盖）未放好或缝隙堵塞</td><td>分火器调整到位，或清洁分火器（火盖）</td></tr>
<tr><td rowspan="2">压力计指示压力较高，但火力不强</td><td>喷嘴或阀体内通气孔局部堵塞</td><td>用细针疏通喷嘴，或请专业维修人员清通或更换阀体。</td></tr>
<tr><td>输气管堵塞，压折或漏气</td><td>检查输气管内是否有积水，若有排掉，并将脱水器内的积水排除。检查输气管是否局部老化、变形、破损，应进行更换</td></tr>
</table>

（续）

现象		原因	排除方法
火焰异常	火焰短易吹脱	一次空气量太大	调节风门，关小至适当位置
	火焰长而无力	一次空气量不足	调节风门，开大至适当位置
		炉火或分火器（火盖）未装好	将炉头，分火器（火盖）放平
漏气或有异味		输气管老化、破损造成漏气	更换输气管
		各配件接头松动造成漏气	用肥皂水逐一检查各配件接头，若有需加固拧紧或更换

85. 沼气池需要建设哪些配套设施？

在建沼气池的同时，要积极动员广大农户配套进行“四改”，这是提高沼气池整体效益，使沼气池融入小康庭院的重要措施。只有实现四改，才能让老百姓体会到沼气池带来的方便、实惠，才能创造出应有的效益。

（1）改圈

将原来老式圈舍废除，在沼气池上面新建太阳能畜禽舍。太阳能畜禽舍南侧预置采光面，冬季上覆塑料薄膜，以便采暖保温。

（2）改厕

将原来简易厕所废除，在沼气池上面太阳能畜禽舍内的一侧，新建卫生厕所。采用陶瓷蹲便，要冲刷方便，干净卫生。四壁砖墙，水泥抹面，刷白色涂料或油漆，有条件的可以墙面镶瓷砖。

（3）改厨

厨房内增设沼气灶和灶台，灶台位置合理，灶台周边墙壁镶瓷砖，厨房墙壁刷涂料，干净、整洁。

（4）改院

通过“三位一体”沼气模式建设，院内各种设施坐落有序，生活、生产各单元布局合理，庭院大门通往居室的路宽1.5～2米。并硬化，出入方便。

86. 沼气池建好后如何验收？

沼气池竣工后，必须经过检查验收，合格后，技术员与建设户签订《户用沼气池技术服务合同卡》，一式三份（农户、技术员、县区新能源办各一份），然后才能交付用户使用。

（1）沼气池应达到的技术标准

沼气池必须符合GB 4750—84的设计要求。

（2）沼气池竣工后的验收方法

①直观检查。应对施工记录和沼气池各部分的几何尺寸进行复查。池体内表面应无蜂窝、麻面、裂纹、砂眼和孔隙，无渗水痕迹等目视可见的明显缺陷，粉刷层不得有空鼓或脱落现象。

②沼气池整体试漏。沼气池整体试漏必须待混凝土养护达到设计强度的70%以上时，方能进行试

压查漏验收。

试水。向池内注水，水面至池体直壁上沿时停止加水，待池体湿透后标记水位线，观察12小时，当水位无明显变化时，表明发酵间及进出料管水位线以下不漏水。

试压。试压方法有注水试压法和打气试压法两种。注水试压法。当试水确定池墙不漏之后，保留池中的水不动，安装好活动盖，并做好密封处理，接上气压表后继续向池内加水。待气压表升至8千帕时停止加水，记录水面高度，稳压观察24小时，当气压表下降在3%以内时，可确认为密封性能符合要求。打气试压法。当试水确定池墙不漏之后，将活动盖严格密封，装上气压表，向池内充气，当气压表升至8千帕时停止充气，并关好开关。稳压观察24小时，若气压表水柱差下降在3%以内时，可确认为密封性能符合要求。

87. 怎样启动沼气池？

新建成或大换料的沼气池，从进料开始，到能够正常而稳定地产生沼气的过程，称为沼气池的启动。沼气池能顺利地启动对于能够保持长久稳定运行是非常重要的。因此，为了使新建成的沼气池产气快、产气好，初次装料应按以下要求操作：

(1) 选用优质发酵原料

一般应选择牛粪、猪粪混合后做启动的发酵原料，这些原料启动快、产气好。不要单独用鸡粪、人粪和红薯渣启动，因为这类原料在沼气细菌少的情况下，料液容易酸化，使发酵不能正常进行。

（2）加入丰富的接种物

为了加快沼气发酵启动的速度和提高沼气池产气量，要向沼气池内加入含有丰富沼气细菌的物质，称为接种物（也叫活性污泥）。在一般的沼气发酵原料和水中，沼气细菌的含量很少，靠其自己繁殖，很难启动。所以，在新池装料前要收集老沼气池里的沼渣、沼液、粪坑底部的黑色沉渣、塘泥、城镇污水沟的污泥以及食品厂、酒厂、屠宰场的污水。这些污泥中都含有丰富的沼气细菌，是良好的接种物。收集以上某一接种物的数量，要达到发酵原料的10%～30%，把接种物和发酵原料均匀混合，一并加入池内。

如果接种物收集的很少，可以进行扩大培养，其操作方法是：将所收集的接种物和大于接种物3倍的发酵原料均匀混合，进行厌氧富集培养，每天搅动一次，待正常产气时，就可以和发酵料混合入池，如第一次扩大培养不够，还可以继续扩大培养直到满足需要为止。

（3）原料预处理

当接种物用量小于10%或原料为风干粪、鲜人粪、羊粪、鲜禽粪时，在入池前必须进行预处理。在堆沤过程中，使发酵细菌大量生长繁殖，减缓酸化作用，还能防止料液入池后干粪漂浮于上层而结壳或产酸过多，使发酵受阻。其方法是采用池外堆沤：将干粪或鲜马粪、鲜鸡粪等加水拌匀，加水量以料堆下部不出水为宜，料堆上加盖塑料膜，以便聚集热量和菌种的繁殖。气温在15℃左右时堆沤4天，气温在20℃以上堆沤2～3天。

（4）掌握好发酵料液浓度及加水量

料液浓度。沼气池第一次投料量应为池子容积的80%，最大投料量为池子容积的85%～90%。留下一点容积以便运行后每天继续进料。若原料暂时不足，一次性投料不能达到要求投料量时，其最小投料容积应该超过进、出料管下口上沿15厘米，以封闭发酵间。以牛粪为例，一次装入的牛粪应是沼气容积的50%（10立方米需牛粪5立方米），然后加温水到预定的投料高度。此时的料液浓度为6%。

第一次投料浓度一般为6%～10%。夏季料液浓度一般为6%，冬季一般为10%。以禽粪、人粪为主的发酵原料，新建池初始启动料液浓度以4%为好，浓度过大会造成料液酸化，待沼气池正常产气后再逐步加大浓度。产生沼气的原料必须有适量的水分，若水量过少，发酵液太浓容易积累大量的有机酸和液面形成硬壳，使发酵受到阻碍，影响产气量；如果水量过多，料液中干物质少，产气也少。

(5) 装料入池

当室外气温达到20℃以上时方可进行，装料时间应选择在晴天。8立方米的沼气池加入1.8立方米的粪，10立方米的沼气池加入2.5立方米的粪。

装料方法。旋流布料沼气池：将经过处理的粪便加到酸化池内，然后加入接种物和水，稀释后从单向阀流入池内，投料完毕后，液面与旋流布料墙的上部平行正好，若达不到旋流布料墙的上部，则加水补充。

底层出料水压式沼气池：采取边加粪边加水边搅拌，粪和水总加入量以液面距池顶内侧40～50厘米处为宜（水压间底部刚好有水）。尽量采用温度较高的水，如采用晒热的污水坑或池塘的水。不要把从井里抽出来的冷水直接加入池内，造成池温下降，难以启动。因为沼气池结构如同“保温瓶”，加入冷水，要靠外部热量提高其温度是比较困难的。沼气池一旦处于“冷浸”状态，要改变其状态需要很长时间。更不能使用含有毒性物质的废水，如含有农药、化学试剂的水等。

(6) 调节好发酵原料酸碱度

在沼气发酵过程中，沼气细菌适宜在中性或微碱性的环境中生长繁殖。池中发酵液的酸碱度以6.8～7.5为宜。过酸（pH＜5.0）或过碱（pH＞

8.0）都不利于原料发酵和沼气的产生。一个启动正常的沼气池一般不需调节 pH，靠其自动调节就可达到平衡。沼气发酵启动过程中，一旦发生酸化现象，往往表现为所产气体长期不能点燃或产气量迅速下降，甚至完全停止产气，发酵液的颜色变黄。为了加速 pH 自然调节作用，可向沼气池内增投一些接种物，加入草木灰或石灰澄清液调节。

（7）封盖与放气、试火

装料完成后，即可封闭活动口。将黏性大的黏土锤碎，筛去粗粒和杂质，按照 3～5：1 的比例（重量比）与石灰粉拌匀后，加水拌和揉搓成硬面团状（手攥成团、落地成花为标准）。把蓄水圈、活动盖表面用水冲洗干净，将石灰胶泥均匀地抹在蓄水圈的底部和立面，然后把活动盖放入蓄水圈内踩实，将蓄水圈内加满水即可。

安装好输气管路、灶具、灯具等，当压力表再次上升到 40 厘米（指针指向 4）以上水柱时，开始放气试火，试火必须在灶具上进行，严禁在管路特别是导气管上试火。初期所产生的气体甲烷含量很少，一般点不着，需反复放气试火直到点燃为止。一般封池 3～4 天后即可点燃。

88. 如何进行沼气池的日常管理？

沼气池的日常管理的原则：在沼气池发酵过程

中注意控制和调整发酵条件，维持发酵产气的稳定性，使沼气池产气好、产气旺。

（1）勤加料、勤出料

加入沼气池的发酵原料，经沼气细菌发酵产生沼气，原料中的营养成分会逐渐地被消耗或转化，如果不及时补充新鲜原料，沼气细菌就会“吃不饱”、“吃不好”，产气量下降。

应先出料，后进料，做到出多少，进多少，以便保持气箱容积。如果长期只进料而不出料，由于发酵料液过多，气箱容积被发酵料液占满，将没有沼气可使用。若出料后池内的料液面低于进、出料口的上沿，应及时加水，使液面高出上沿15厘米。

（2）经常搅拌发酵原料

发酵原料与沼气细菌不断均匀接触，细菌获得新的食料，才能保证正常发酵。没有经过搅动的沼气池中，发酵原料分四层：第一层浮渣层，是一些难溶于水的原料，这层发酵原料多，但细菌少，有机物聚在这里得不到消化，如果浮渣太厚，还会结壳，影响沼气进入气箱；第二层上清液，原料浓度稀、水分多，发酵原料少，沼气细菌也少；第三层活性层，发酵原料多，沼气细菌也多，是产生沼气的主要部位；第四层沉渣层，含有大量的发酵残余物和部分活性污泥，能产生少量的沼气，但由于底层压力高，产生的沼气在较高的压力下溶解于发酵液中，难于释放出来。因此，采用搅拌措施，打破分层现象，促进厌氧消化过程是非常必要的。

搅动方法有两种：第一种方法是用长柄的粪勺或其他器具从沼气池进料管伸入发酵间，来回拉动数十次，以搅拌池内的发酵液。第二种方法是从出料间舀出10桶沼液，向进料口冲入，使粪液流动，起到搅拌作用。

（3）控制发酵浓度

沼气池内的发酵原料必须含有适量的水分，才有利于沼气细菌的正常生活和沼气生产。因为沼气细菌生长繁殖、吸收营养都需要有适宜的水分，水分过少或过多都不利于沼气细菌活动和沼气的产生。如果水量过多发酵料液中的营养物质含量少，产的沼气就少；如果水量过少，发酵液太浓，有机酸产生的过多，沼气细菌吃不掉过量的有机酸，就会使沼气池内积累大量的有机酸，造成料液酸化，或液面形成硬壳，使沼气发酵受阻，严重影响沼气产量。因此，户用沼气池适宜的发酵浓度应该控制在6％～10％。夏秋季温度高，发酵浓度可低些一般为6％～8％。冬春季温度低，发酵浓度应提高到8％～10％。

（4）经常检查酸碱度

沼气细菌适宜在中性或微碱性的环境条件下生长繁殖，过酸过碱，对沼气细菌活动都不利。沼气池一般出现偏酸的情况较多，特别是在发酵初期，由于投入的纤维类原料多，而接种物不足，或在沼气运行中一次加入大量的鸡粪、青草、红薯渣等易酸化的原料，常会使酸化速度加快，大大超过甲烷化速度，造成挥发酸大量积累，使 pH 下降到 6.5 以下，抑制沼气细菌活动，使产气率下降。发酵原料是否酸化，必须用 pH 试纸测定。

确定酸化后，可用三种方法调节：①取出部分发酵原料，补充相等数量或稍多一些含氮多的发酵原料和水；②将人、畜粪尿拌入草木灰，一同加到沼气池内，不但可以调节 pH，而且还能提高产气率；③加入适量的石灰澄清液，并与发酵液混合均匀，避免强碱对沼气细菌活性的破坏。

（5）加强越冬管理

冬、春季气温低，沼气池内的温度下降，沼气产量受到一定影响，为了使冬春季产气好，必须加强越冬的管理。采取的主要措施是：

在入冬前，沼气池要彻底换料一次。加足新料以保证冬季发酵需要的养料，促进甲烷菌的活动。发酵浓度可在 8%左右，要加太阳晒过的温水以便提高池温。可在 9 月中旬或 10 月初结合农田施用底肥进行换料，在大换料时应该做到以下几点：一是大换料前 20 天停止进料。四结合畜禽舍的粪便应放到模式外堆沤。二是备足新的原料。三是换料时要清除池底难以消化的残渣或沉积的泥沙等杂物。四是沼气池内要保留20%～30%含有沼气细菌的活性污泥和料液作为接种物（活性污泥是细菌聚结在一起形成的黑色细碎的悬浮絮状物，样子看起来像泥，实际上主要由沼气细菌组成）。五是大换料不要在低温季节进行，当池温、气温在10℃以下不能大换料，因为低温下沼气池很难启动。

三结合模式南屋面要在入冬前覆盖塑料薄膜以便提前贮热，相应增加池温。非三结合的沼气池进出料口要加盖。并在大于池体面积上边用塑料覆盖，上边堆码柴草或覆土或堆沤发酵原料，进行防寒。其覆盖的厚度要大于80厘米。

（6）安全发酵

在池内沼气细菌接触到有害物质时就会中毒，轻者停止繁殖，重者死亡，造成沼气池停止产气。因此，不要向池内投入下列有害物质：各种剧毒农药，特别是有机杀菌剂、抗生素、驱虫剂等；重金属化合物，含有毒性物质的工业废水、盐类；刚消过毒的禽畜粪便；喷洒了农药的作物茎叶；能做土农药的各种植物，如苦皮藤、桃树叶、百部、马钱子果等；辛辣物如葱、蒜、辣椒、韭菜、萝卜等的秸秆；电石、洗衣粉、洗衣水都不能进入沼气池。

如果发现中毒，应该将池内发酵料液取出一半，再投入一半新料就能正常产气。

89. 如何判断沼气池漏水或漏气?

在试水试压时，当压力表上升到一定位置，如表针先快后慢地下降说明是漏水，以较均匀速度下降则是漏气。

在使用中，如发现水柱向进气方向相反的方向移动，即出现负压，说明沼气池漏水；水柱移动停止或移动到一定高度不再变化，说明沼气池是漏气或轻微漏气。

90. 为什么新建沼气池装料后总不产气?

大体上有以下原因：①装料时没有加入足够数量的接种物，池内产甲烷菌少，使沼气发酵不能进行；②加入沼气池的料液水温低于 12℃以下，抑制了甲烷菌的生命活动，如在北方寒冷地区第一次加料时是寒冷季节，池温低，会造成长时间不产气；③沼气池的发酵液浓度过大，初始所产的乙酸产甲烷菌吃不了，使挥发酸大量积累导致料液酸化。

解决办法：①添加菌种，主要是加入活性污泥或者粪坑、老沼气池中的粪渣液，或换掉大部分料液；②加入热水等增温，提高池温到 12℃以上，同时加入菌种；③加石灰水清液，调节发酵液的 pH 为 6.8～7.5。

91. 什么原因造成沼气池大出料后重新装料产气不好?

主要是出料时没有注意，破坏了顶口圈或出料后没有及时进料，引起池内壁特别是气箱干裂，或因为内外压力失去平衡而导致池子破裂造成漏水漏气，或出料前就已破裂，而被沉渣糊住而不漏，出料后便漏起来了。

处理办法：修补易破损处；进料前将池顶洗净擦干，刷纯水泥浆 2～3 遍；大出料以后，要及时进料，以防池子干裂并保持池内外压力平衡。在地下水位高的地方，雨季不要大换料。

92. 沼气池压力表水柱很高，但贮存的沼气很少是什么原因?

气压表水柱位置的高低可以衡量沼气池内沼气压力的大小，但并不完全说明池内沼气量的多少。原因：①水压间的容积太小。②水压间自动出料口过高。可能因为大量的雨水经进料口流进沼气池或发酵料液过多，池内与池外液面差增大，在没有增加产气量的情况下升高了压力。另外一种可能的情况是沼气气箱容积正常，即沼气的量够，但沼气中甲烷太少，使沼气热值降低，为了保证火旺，沼气的耗气量增加，沼气很快消耗完。

处理办法：①建沼气池时，10 立方米的沼气池要保证有 1.5 立方米的水压间。如果设计失误，造成水压间过小，可以在现有水压间的一侧增建一个水压间。底部与现有水压间联通，上部加盖，并留通气孔与大气相通。②自动出料口是水压间与储液池连接的通道，沼气池直壁上沿到出料口水平面的高度，一般不超过 1 米。

93. 为什么会发生沼气中毒?

沼气的主要成分为甲烷、二氧化碳和少量的氮气、氧、硫化氢等。

甲烷无毒。甲烷是无色、无味、无毒的气体，遇明火即燃烧，人吸入甲烷后，只有当甲烷浓度极高，氧含量不足时才会出现缺氧窒息而引起中毒。

硫化氢有毒。沼气中的有毒气体主要为硫化氢。硫化氢是一种无色气体，有臭鸡蛋味；燃烧时火焰呈蓝色，易溶于水。其沼气中浓度超过 0.02%时，可引起头痛、乏力、失明、胃肠道病等症状；当浓度超过 0.1%时，可很快致人死亡。

高浓度二氧化碳有毒。当空气中二氧化碳含量增加到 30%时，人的呼吸就会受到抑制，并麻木死亡（沼气中二氧化碳占 25%～40%）。

94. 怎样安全使用沼气池？

①沼气池的出料口（水压间）进料口都要加盖，防止人、畜掉进池内造成伤亡。揭开活动盖时，不要在沼气池周围吸烟或使用明火。②要教育小孩不要在沼气池边和输气管路上玩火。试火时必须远离沼气池的灶具上试火，不要在导气管上边试火，以免造成回火沼气池爆炸。③经常检查输气系统，防止漏气着火。④每天要观察压力表上水柱变化。特别是夏天，温度高，产气多，池内压力过大时，要立即用气和放气，以防胀坏气箱，冲开活动盖。不能在室内和日光温室内放气，以免引起爆炸。⑤要注意沼气池防寒防冻。⑥如一次加料数量较大时，应打开开关，慢慢加入。一次出料较多时，压力表水柱降到零时，应打开开关，以免产生负压过大损坏沼气池。⑦沼气灯、灶具和输气管道不能靠近柴草等易燃物品，以防失火。一旦发生火灾，应立即关闭开关，切断气源后，立即把火扑灭。⑧使用沼气时，要

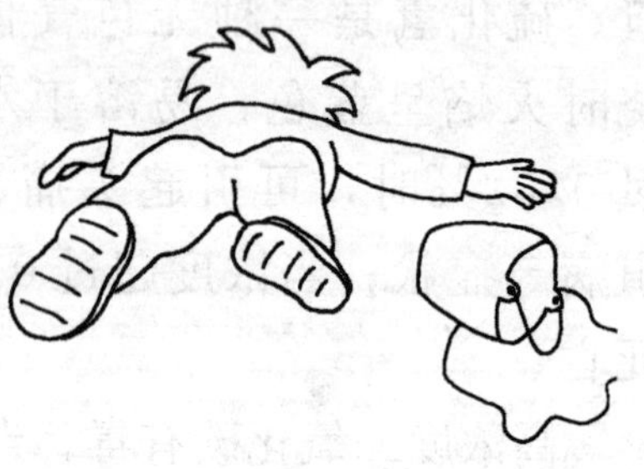

先点燃引火物，再开开关，以防一时沼气放出过多，烧到身上或引起火灾。⑨如在室内闻到腐臭蛋味时，

应迅速打开门窗或风扇，将沼气排出室外，这时不能使用明火，以防引起火灾。

95. 怎样注意沼气池维护中的安全？

下池出料、维修一定要做好安全防护措施。打开活动顶盖，先出掉浮渣和部分料液，使进料口、出料口、活动盖口三口都通风。向池内鼓风，排除池内残留沼气，然后把小动物（鸡、兔、猫等）放进去试验，如动物活动正常，确系安全时，人方可下池工作。一般情况应在地面操作。

下池时，为防止意外，要求池外有人照护并系好安全带，发生情况可以及时处理。如果在池内工作时感到头昏、发闷，要马上到池外休息。

对进入停用多年的沼气池出料时更要特别注意，因为在池内粪壳和沉渣下面还积存一部分沼气，如果麻痹大意，轻率下池，不按安全操作规程办事，很可能发生事故。要大力推广“沼气出肥器”、泥浆泵等出肥工具，这样可以做到人不入池，既方便又安全。

揭开活动顶盖时，不要在沼气池周围点火吸烟。进池出料、维修，只能用手电或电灯照明，不能用油灯、蜡烛等明火，不能在池内抽烟。

96. 沼气池发生事故如何进行抢救？

一旦发生池内人员昏倒，而又不能迅速救出时，应立即采用人工办法向池内送风，输入新鲜空气。切不可盲目入池抢救，以免造成连续发生窒息中毒事故。

将窒息人员抬到地面避风处，解开上衣和裤带，注意保暖。轻度中毒人员不久即可苏醒，较重人员应就近送医院抢救。

被沼气烧伤的人员，应迅速脱掉着火的衣服，或卧地慢慢打滚或跳入水中，或由他人采取各种办法进行灭火。切不可用手扑打，更不能仓皇奔跑，助长火势。如在池内着火要从上往下泼水灭火，并尽快将人员救出池外。

保护创面。灭火后，先剪开被烧烂的衣服，用清水冲洗身上污物，并用清洁衣服或被单裹住伤面或全身，寒冷季节应注意保暖，然后送医院急救。

97. 沼气有什么综合利用途径？

沼气贮果、贮粮、蔬菜保鲜。首先将水果、粮食、蔬菜放入密封容器内，充入沼气降低空气中氧的含水量，降低果、粮、菜的呼吸强度，延长保存期，沼气杀菌、杀虫卵使粮食不生虫，水果、蔬菜不霉烂。

98. 沼液有什么综合利用途径？

沼液浸种与喷施具有明显的抗病、增产和提高品质、减少成本等作用。浸种一般可增产5%以上，喷施可增产20%以上。到目前为止发现沼液对23种病害和14种虫害具有良好防治作用，而且还有较强抗寒（旱）性。这与沼液本身含有丰富的营养物质与生理活性物质有关。经测定，沼液中富含生理活性物质，包括钙、铁、铜、锌、锰、钼等微量元素和氨基酸、生长素、赤霉素、激动素、纤维霉素、单糖、腐殖酸，不饱和脂肪酸，维生素及抗生素类物质。这些丰富的营养物质和生理活性物质具有较强的激发生长和增强植物抗逆性作用。

（1）*沼液浸种*

在沼液浸种过程中，种子吸足水分的同时也吸收了大量的营养物质和生理活性物质，从而使种子从休眠状态迅速激发到生理生长状态，促早发芽，促早发育，苗齐、苗壮，为增产打下基础。

浸种使用的沼气池要能正常产气，连续用气已在两个月以上。选择出料间中层的无臭味、深褐色、透明的液体，pH 7.2～7.6。对于停止产气或废弃不用沼气池中的沼液或出料间流进了生水、有毒污水（农药等）、生的人粪便以及其他废弃物或出料间起白膜的沼液不能用来浸种。

将浸种袋种子用绳子吊入正常产气沼气池出料间中层料液中，在水压间上横放一根棍子，将袋绑在棍子上面，使袋悬吊在固定浸种位置上。

应视种子种类及池温来确定浸种时间，有壳种子应浸24～72小时，无壳种子12～24小时。春末夏初气温较低，稍延长浸种时间；夏末秋初则稍减短浸种时间。一般以种子吸饱水为度，最低吸水量以23%为宜。各类种子沼液浸种时间可参考其清水浸种时间。如水稻中早稻一般沼液浸种24小时，再水浸24小时。对一些抗寒性较强品种沼液浸种可适当延长到36～48小时，再水浸24小时。杂交早稻宜采用间歇法浸种，即沼液浸种6小时后提起用清水洗净沥干，然后再浸。连续这样做，直到浸够要求时间。晚稻一般沼液浸种24小时，采用间歇法。杂交稻种沼液浸种12小时，水浸12小时，采用间歇法。小麦沼液浸种12小时即可。玉米沼液浸种24小时即可。

由于沼液具有一定还原性，并含较高的氨离子，会影响发芽，所以浸后应提取种袋，控干沼液，并取出种子洗净、沥干，或催芽或拌药或播种。

（2）沼液喷施

沼液经过稀释后可直接喷洒在农作物（含果树和蔬菜）茎叶上，能加快叶绿素的合成，提高光合效率，促进体内物质和能量的代谢，使其生长旺盛，有利于干物质的积累。沼液喷洒还有相当的抗病杀虫能力，产生明显的增产作用。

沼液喷施的浓度（即沼液加水量）是实现抗病增产的关键。然而，在实际中确定适宜浓度是较难做到的，这是因为入池原料的种类和数量差别较大，不同池子不同时期沼液浓度差异较大。喷施前必须在加水后，在作物的嫩芽上做涂抹试验，选出最佳的沼液配水方案。

(3) 沼液喂猪

用沼液作为添加剂喂猪（不适合于喂全价饲料的猪），普遍认为猪食欲好，贪睡，皮毛油滑，健壮少病，生长快，日增重提高10%左右，育肥期缩短20天左右，每头猪可节约饲料50千克左右。用沼液喂猪时，添加量要经试验测定，一定要在专业技术人员的技术指导下进行。其技术要点：

①沼液只是添加剂，不能取代饲料。一定要在基础日粮满足生长发育条件下添加沼液，以促进饲料消化，吸收更多的营养，加速生长，缩短育肥期，达到节约饲料目的。

②必须使用正常运转、连续使用两个月以上并正在产气的沼气池出料间的中层料液。最好随取随用，取后停放半个小时再使用，以降低氨气浓度。

③添加的数量。因入池原料不同而不同，需要提前做认真试验。主要依据猪的重量适当饲喂，但必须从少量开始，逐渐增加到预定的数量，让猪逐步适应。切忌随意加量，以免引起中毒和抑制生长。

④试喂阶段（15天左右）。每天用小瓷缸子盛一些沼液，放入猪槽内，让猪常嗅闻沼液气味，习

惯后，由少到多，直到适应为止。

⑤食喂方法。先除去出料间上层浮沫，用软胶管取中层清液，放置半个小时后，经纱布过滤，把适量沼液拌入饲料中喂食。

(4) 沼液作基肥

在沼液多余用不尽的情况下，千万不可扔掉，可以用细土或垃圾土堆成土坑，将多余沼液倒入其中吸收盖土，来年播种，栽培时作基肥用。

小贴士

沼液喂猪的注意事项

①沼液喂猪要注意猪的采食状况，如果适口性差应减量。②沼液喂养20千克以上猪，增重明显。③不能用沼液代替猪的饲料，而减少每日的喂料量，它只是一种饲料添加剂。④必须用正常产气一个月以后的沼气池，取水压箱中部沼液，否则不利于猪的生长发育。⑤沼液取出后，不可立即喂猪，一般放置1~2小时后再喂猪，放置时间太长也不好，尤其夏季易感染细菌。⑥沼液的pH 6.8~7.2较好。⑦如果猪有拉稀现象，可以减量或停喂1~2天后再喂，不治自然会好。⑧仔猪、怀孕及哺乳期母猪不能喂沼液，在怀孕前和产仔后可以喂沼液。

99. 沼渣有什么综合利用途径？

(1) 沼渣作基肥

沼气池中的沼渣属于迟效性多元复合肥，其肥效长、浓度大，长期施用后使土壤松软、肥沃、保水保肥，它是农家优质多元肥料。

堆沤方法。将沼渣与土杂肥、碎秸秆杂草1∶1混合堆30～40天后即可使用，如果在使用前7天由堆顶部注入5%氨水或碳酸氢铵水溶液即成为腐殖磷酸复合肥。

（2）沼渣作花肥

将沼渣放在水泥地板上晾晒后，与草灰土按一定比例混合（因沼气发酵的原料不同，应在实验的基础上，合理调整此配比），可制成上好的花肥。

100. 什么是农村清洁工程？

农村清洁工程是按照循环经济理念，以村庄为建设单元因地制宜，以“减量化、再利用、再循环”的清洁生产理念为指导，通过控制农业面源污染，优化农村生活用能结构，实现农村田园清洁、水源清洁、家园清洁的目标，构建以自然村为单元的资源循环利用体系，从根本上改变农村脏、乱、差的现状和资源浪费严重等问题，把“三废”（农村畜禽粪便、农作物秸秆、生活垃圾和污水）变“三料”（肥料、燃料、饲料）形成“三益”（经济、生态和社会效益），以“三节”（节水、节肥、节能）促“三净”（净化水源、净化农田和净化庭院）实现“三生”（生产发展、生活富裕和生态良好），推进资源节约型、环境友好型新农村建设的一项系统工程。